PETITE
ASTRONOMIE
DESCRIPTIVE

PAR

CAMILLE FLAMMARION

Adaptée aux besoins de l'enseignement

PAR C. DELON

ET CONTENANT 100 FIGURES

QUATRIÈME ÉDITION

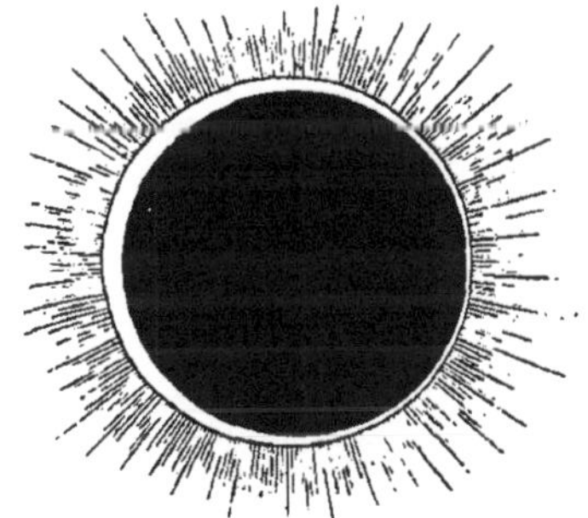

PARIS

LIBRAIRIE HACHETTE ET Cie

79, BOULEVARD SAINT-GERMAIN, 79

1887

PETITE

ASTRONOMIE

DESCRIPTIVE

La terre dans le ciel, comme on la voit de la lune. (Fig. 52.)

INTRODUCTION

L'ASTRONOMIE est la *science de l'univers.*

L'univers, c'est l'ensemble de toutes choses : la terre et le ciel. Les astres — le soleil, la lune, les étoiles — font partie de l'univers. Or, nous ne devons pas vivre au millieu de ces belles et grandes choses sans les contempler et sans chercher à les connaître, comme l'animal qui broute l'herbe des champs sans se demander comment elle germe, végète et fleurit. Nous avons une intelligence faite pour réfléchir et comprendre. Ne nous contentons pas de *voir :* désirons *savoir.* — Nous vivons sur la terre : Qu'est-ce que LA TERRE ? Quelle est sa forme ? Où est-elle placée ? Qu'est-ce que LE CIEL ? A quoi devons-nous le jour et la nuit ? D'où viennent les climats divers, les saisons ? — Le beau soleil nous réjouit de sa lumière et nous pénètre de sa chaleur : Qu'est-ce que le soleil ? Où est-il ? à quelle distance de nous ? — Et la lune, qui brille dans le ciel noir de la nuit avec un éclat si doux, pourquoi change-t-elle d'aspect chaque soir? — Et les étoiles?... A toutes ces questions, qui nous viennent tout naturellement à l'esprit, répond la science de l'univers : l'Astronomie.

L'Astronomie est la plus ancienne des sciences; son origine se perd dans la nuit des temps. Quand a-t-elle commencé? Le jour où les hommes, après avoir contemplé les étoiles, ont cherché à reconnaître les groupes qu'elles semblent former au ciel; le jour où, après avoir vu le soleil se lever chaque matin et se coucher chaque soir, ils ont cherché à se rendre compte de ce qu'ils voyaient. Or, mes enfants, ce n'est pas d'aujourd'hui que les hommes se sont mis à regarder le ciel! Il y a des milliers et des milliers d'années que les pâtres d'Asie, la nuit, en gardant leurs troupeaux dans les grandes plaines, observaient l'arrangement des étoiles et leur donnaient des noms. Ces premiers observateurs dont nous parle l'histoire étaient des Hindous (1), pasteurs à la fois et laboureurs, prêtres et poëtes... et déjà ils observaient et calculaient la marche apparente des astres au ciel, de la lune, du soleil. Puis, un peu plus tard, les *Égyptiens*, les *Chinois*, les *Perses*, les *Chaldéens*, les *Phéniciens*, les *Grecs*, enfin tous les peuples civilisés eurent des *astronomes*, c'est-à-dire des hommes observant les astres et calculant leurs mouvements.

(1) Anciens habitants de l'Inde, en Asie.

Mais il fallut de longs siècles pour qu'à force d'observations, de raisonnements, de calculs on en vînt à se faire une idée juste du véritable arrangement de l'univers.

Les anciens astronomes, Hindous, Chaldéens, Égyptiens, avaient soigneusement noté et conservé leurs observations, leurs calculs; ceux qui vinrent après en profitèrent, y ajoutèrent les leurs et corrigèrent les erreurs. A une époque déjà plus rapprochée de nous, une célèbre société de savants, *l'École d'Alexandrie* (en Égypte), recueillit tout ce qu'elle put des travaux des anciens. Elle compta dans son sein deux astronomes célèbres : Hipparque et Ptolémée. Après eux, des astronomes arabes continuèrent les mêmes travaux. Enfin de grands savants européens résumèrent, il y a trois siècles environ, toutes ces découvertes, en firent de nouvelles et plus magnifiques encore, et, par leurs observations, leurs calculs, ils parvinrent à connaître la véritable organisation de notre *monde* et de l'univers entier. Il faut prononcer avec respect les noms de ces grands génies : *Copernic*, *Kepler* et *Galilée*.

Mais justement à cette époque il se produisit une découverte étonnante, extraordinaire, qui amena tout à coup dans la science de l'Astronomie un grand changement, un immense progrès. Jusqu'alors on n'avait pu observer les astres qu'à la vue simple. Et voilà qu'on invente un instrument merveilleux : cet instrument fait voir les astres comme s'ils étaient des centaines, des milliers de fois moins éloignés ! Avec lui, tout à coup, des milliers, des millions d'astres que les hommes n'avaient jamais vus, dont on ne soupçonnait pas l'existence, sont aperçus..... Cet instrument — nous n'avons pas trop dit, n'est-ce pas, en l'appelant merveilleux? — c'est ce qu'on appelle une *lunette*.

Vous savez sans doute ce que c'est qu'une *longue-vue :* une combinaison de verres transparents, habilement travaillés et ajustés dans une sorte de tuyau. Et si vous avez mis l'œil au bout de ce tuyau, vous avez été tout surpris de voir, au travers, les objets éloignés extraordinairement *grossis*, *élargis*, *rapprochés* en apparence. — Un arbre, par exemple, qu'à la vue simple vous distinguiez à peine dans le lointain, avec *cet appareil*, vous le voyez comme s'il était tout près, tout près de vous ; vous discernez les branches, les feuilles, etc. La science, mes enfants, rend très-bien compte de cet effet, dont je ne pourrais en ce moment vous donner l'explication détaillée. Eh bien, les *lunettes* des astronomes ne sont pas autre chose que de très-grandes *longues-vues*, travaillées avec un art parfait, grossissant et rapprochant considérablement pour l'œil les astres que l'on observe avec elles. On appelle *télescope* un instrument construit un peu différemment, mais qui produit le même résultat.

Oh ! alors, mes enfants, depuis cette invention, — quand on put voir larges comme la lune des astres que notre œil n'aperçoit que comme de petits points

Fig. 1. — Lunette d'approche.

brillants — comprenez-vous combien on put faire d'observations intéressantes et d'importantes découvertes ? Depuis lors on apprit à construire des instruments de plus en plus parfaits, de plus en plus puissants et précis. On bâtit un grand nombre d'*observatoires*, édifices construits et disposés commodément pour observer les astres. Tout ce qu'on a pu voir de merveilleux, je ne puis vous le dire en deux mots, mais j'essayerai de vous en donner une idée dans ce petit ouvrage.

Les plus grands astronomes, depuis l'invention des lunettes, furent *Newton* (1), *Herschel*, *Laplace*. — Parmi les anciens, *Hipparque* était Grec, *Ptolémée*, Égyptien; à une époque plus rapprochée vivaient *Copernic*, le Polonais; l'Italien *Galilée*; *Kepler* était Allemand; *Newton*, Anglais; *Herschel* était né au Hanovre, et *Laplace* était Français; aujourd'hui encore il y a de grands savants, des observateurs très-habiles dans toutes les nations. Vous voyez que tous les peuples civilisés ont, pour ainsi dire, travaillé ensemble à former cette belle science. Souvenez-vous des noms que nous venons de citer, mes enfants : ce sont les noms d'hommes de génie qui ont rendu à l'*humanité* les plus grands services.

Car l'Astronomie n'est pas seulement une belle science : c'est une science souverainement *utile*. Sans elle, non-seulement nous ne connaîtrions pas le ciel, mais la terre elle-même nous serait en grande partie inconnue. Sans elle, *Christophe Colomb* n'eût pas découvert l'Amérique ; les voyageurs ne pourraient pas traverser les vastes océans,

(1) Prononcez *Neuton*.

et tout ce que peuvent nous fournir les continents lointains serait perdu pour nous. Sans l'Astronomie, nous ne pourrions mesurer le temps; c'est elle qui

Fig. 2. — Grand télescope d'un observatoire.

fixe l'année, les travaux des champs, les *dates* de l'histoire, le calendrier, les fêtes... et vos vacances elles-mêmes sont fixées par elles. Sans elle enfin les hommes, ignorant la véritable structure de l'univers, seraient toujours restés craintifs, superstitieux, l'esprit plein de ténèbres et d'erreurs.

L'Astronomie est, il est vrai, une science très-difficile pour celui qui veut la posséder *à fond :* toute une vie d'études et de calculs est nécessaire à celui qui veut devenir *astronome*. Il en est ainsi, du reste, dans toutes les sciences. Mais, heureusement, pour connaître ce qu'il est nécessaire à tous de savoir, ce qu'il y a de plus important et de plus beau dans la grande science de l'Astronomie, il n'est pas besoin de tant de peine. Avec quelque attention, en peu de temps, sans fatigue, et même au contraire avec un vif plaisir, vous pouvez *apprendre*, maintenant qu'elles sont connues, les vérités sublimes qui n'ont pu être découvertes qu'au prix des plus grands efforts, à l'aide de travaux effrayants et après des milliers d'années d'étude.

PREMIÈRE LEÇON

LA TERRE EST RONDE

Avant de tourner nos yeux vers le ciel, de contempler le soleil, la lune, les étoiles, occupons-nous de la terre, notre séjour.

« *La terre est ronde.* » Voilà ce qu'on vous a appris et fait répéter au commencement de votre *Géographie*. Mais ce n'eût pas été assez dire : car une chose peut être à la fois ronde et plate, comme un plateau, le fond d'une assiette, une pièce de monnaie ; on a donc ajouté « ronde comme une boule, comme un globe ». Et vous montrant cette grosse boule qu'on appelle une *sphère terrestre*, on vous a dit : « Voilà la représentation de la terre. »

— Quoi ! la terre, la terre sur laquelle nous marchons, est faite ainsi ? Cela vous étonna fort, sans doute, la première fois qu'on vous le dit. Et maintenant encore, quoique vous ayez compris, vous avez quelque peine à vous en faire une idée bien claire.

C'est qu'en effet, à première vue, la terre ne nous offre pas cet aspect. Quand nous regardons autour de nous, l'étendue de pays, *la partie de la terre* que nous pouvons apercevoir, cette étendue nous semble *plate*, si nous sommes dans une plaine; inégale, *accidentée*, si nous sommes dans un pays de montagnes. Au-dessus de notre tête, le Ciel nous semble comme une *voûte* parfaitement arrondie ; bleue, si le temps est beau ; grise, s'il est chargé de nuages. Et cette voûte nous paraît s'abaisser vers la terre en s'arrondissant tout autour, et venir la toucher dans le lointain. — Un petit enfant peut s'imaginer qu'il en est ainsi en effet; il croit qu'au delà du lointain où sa vue s'arrête il n'y a plus rien, et que là-bas, là-bas, le ciel touche la terre. Mais voilà qu'il entend parler de pays très-éloignés, de longs voyages qui durent des mois, des années : il est bien obligé de penser que cette étendue de quelques lieues qu'il a pu voir n'est pas *toute la terre*. Et alors il s'imagine la terre très-vaste, il le faut bien, mais toujours *plate*, comme une table, ou plutôt comme une immense galette; puis sur cette étendue plate, et en certains endroits, il pose en imagination des montagnes qui rappellent, en proportion, les petites boursouflures de la *surface* plate du gâteau. Enfin le ciel est pour lui une voûte arrondie couvrant toute la terre, à peu près comme une cloche de verre qui serait posée sur le gâteau.

Eh bien, c'est là aussi, à peu près, l'idée que les anciens hommes, les hommes d'autrefois, ignorants comme des enfants, s'étaient faite de la terre; et vous verrez bientôt à quelles imaginations bizarres cette idée les avait conduits.

Figurez-vous que vous êtes placés au beau milieu d'une vaste plaine. L'étendue de pays que vous pouvez apercevoir autour de vous forme à vos yeux comme un grand *cercle*, au milieu duquel vous êtes. Au-dessus, le ciel. Le contour de ce *cercle apparent*, cette limite lointaine où le ciel semble toucher la terre, s'appelle l'*horizon*.

Mais au delà de cet horizon il y a encore du pays; il y a des champs, des bois, des villes, des collines, encore et encore. Pourquoi ne les voit-on pas ? justement parce que la terre est arrondie, *bombée*, et non pas plate. Si la terre était plate, nous verrions les objets éloignés, aussi loin que nos yeux pourraient atteindre, de plus en plus petits et confus; mais il ne se ferait pas cette *apparence de cercle* qui nous cache net ce qui est au delà.

La terre étant bombée, du point où nous sommes nous pouvons voir également tout autour de nous jusqu'à l'endroit où notre regard rase le sol. Au delà, le sol, avec les objets qu'il porte s'arrondissant de toutes parts et s'abaissant, se trouve au-dessous, par rapport à nous; nous ne pouvons alors apercevoir ces objets : la rondeur, la *courbure* de la terre nous les cache. Ainsi le petit homme que

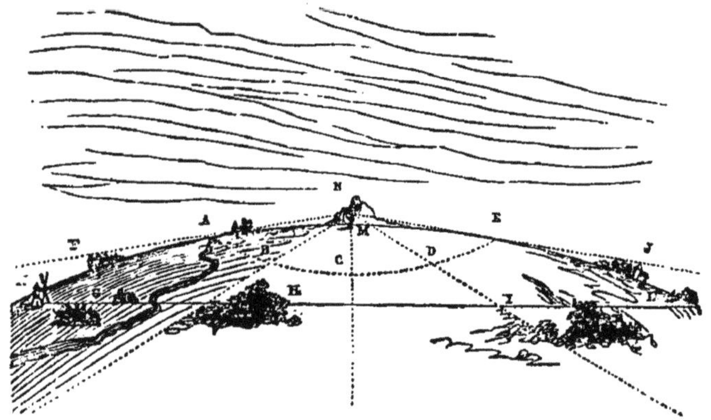

Fig. 3. — Courbure de la terre. Limites de l'horizon pour un observateur placé sur le sol.

représente en M notre figure, peut voir devant lui jusqu'au point A où la *ligne droite* qui figure son regard rase la *courbure* du sol. De même encore, tout autour de lui il peut apercevoir à la même distance jusqu'aux points B C D E (et autant de l'autre côté, que notre dessin ne peut représenter). Ces points bornent sa vue, forment le contour de son horizon. Les objets qui sont au delà, en F, en G, en K, par exemple, en J, se trouvent *en dessous;* ils lui sont cachés par la rondeur du sol.

Mais si, au lieu de rester dans la plaine, nous nous élevons sur une montagne, notre vue s'étend beaucoup plus loin. Arrivés au sommet, nous *découvrons* des villes ou des villages, des bois, des champs, que nous n'aper-

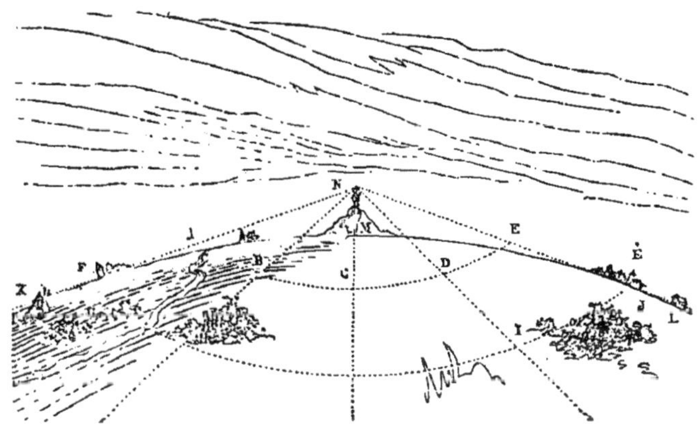

Fig. 4. — L'observateur placé sur une montagne découvre un horizon plus étendu.

cevions pas du pied de la montagne. Nous voyons encore cette apparence de *cercle*, que nous avions remarquée, mais beaucoup plus vaste. Notre regard rase la courbure du sol beaucoup plus loin. Ainsi, que le voyageur de notre figure soit placé sur une colline, en N : vous voyez, par la ligne qui représente la direction de son regard, qu'il peut apercevoir maintenant les objets situés en F, G, H, I, que la courbure du sol lui cachait lorsqu'il était au pied de la colline, en M. Mais les objets K, L, situés plus loin, continuent de lui être cachés.

Quand vous marchez dans la plaine vers un village lointain, vous n'apercevez pas tout d'abord le village entier, mais seulement le toit des maisons et la pointe du clocher. C'est que le bas de ces édifices vous est caché

Fig. 5. — Le village vu dans le lointain. — L'horizon ne laisse apercevoir que le sommet des édifices.

par la courbure de la terre, qui s'arrondit entre eux et

Fig. 6. — Le village vu de plus près; on découvre entièrement les édifices; l'horizon apparait au delà.

vous. Mais à mesure que vous avancez, vous découvrez

d'abord les étages supérieurs, puis le pied des édifices, qui semblent s'élever, s'élever comme s'ils sortaient de terre.

Le même effet s'observe mieux encore sur la mer, où il n'y a ni collines, ni rien qui puisse gêner la vue. Du rivage on voit devant soi la vaste étendue d'eau qui semble s'élever en pente vers le ciel jusqu'à l'horizon ; et cet horizon forme une ligne parfaitement nette, tirée entre le ciel et la mer. Alors si on regarde un grand navire qui s'éloigne, ce navire semble *monter* lentement, jusqu'à l'horizon, où il arrive enfin ; puis on croit le voir *descendre* derrière l'horizon. Le corps du navire disparaît d'abord, puis les voiles les plus basses à leur tour, tandis qu'on voit encore les voiles hautes et la pointe des mâts qui disparaît la dernière, comme si le navire s'enfonçait lentement dans la mer. Si la mer était *plane*, le navire serait toujours *tout entier* en vue, tant qu'on pourrait l'apercevoir ; ou plutôt ce serait justement la fine pointe des mâts et les petites voiles d'en haut que les premières l'œil cesserait de pouvoir distinguer dans le lointain. La mer elle-même est donc arrondie, courbée, comme la terre ferme. Et comme le même effet se produit également dans toutes les directions, elle est donc également arrondie dans tous les sens, c'est-à-dire *sphérique* (en forme de boule).

Une autre preuve encore. Vous savez que l'ombre d'un objet rappelle la forme de cet objet. Si un cahier carré est présenté au soleil ou à la lampe, bien en face du mur, son ombre, que l'on voit sur le mur, est carrée. L'ombre d'une boule est ronde. Eh bien, dans certaines occasions que nous vous indiquerons plus tard, on peut voir l'*ombre de la terre*... Et cette ombre, justement, est ronde : donc la terre est ronde aussi.

Mais la meilleure preuve que la terre est ronde, c'est

qu'*on en a fait le tour*. On en a fait le tour *dans tous les sens*. Imaginez sur une boule, sur une orange, si vous voulez, une petite fourmi. Cette fourmi marche sur la boule, supposons-le, toujours droit devant elle sans se

Fig. 7. — Courbure de la mer. Apparences successives d'un navire qui s'éloigne.

détourner ni à droite ni à gauche; elle fait ainsi le tour entier de l'orange, et bientôt, si elle continue, elle se trouve revenir, par l'autre côté, au point d'où elle était partie. Eh bien, de hardis navigateurs *ont ainsi* fait le tour de *notre* grosse boule, de la terre. Ils ont bien rencontré sur leur route des continents, des étendues de terre ferme qui leur barraient le passage; mais en se détournant un peu (comme nous nous détournons en face d'un obstacle, d'un arbre tombé sur la route, par exemple, pour revenir ensuite reprendre notre chemin), ils ont pu achever le tour entier. Toujours *se dirigeant dans le même sens* ils sont revenus au port, du *côté opposé* à celui par lequel ils étaient partis. Le premier qui le fit, un navigateur du nom de *Magellan*, mit *trois ans* à accomplir son voyage. Mais maintenant avec les chemins de fer et les bateaux à vapeur, on peut faire le *tour du monde* en moins de trois mois...

Il y a encore d'autres preuves de la forme de la terre; rien n'est plus certain et mieux démontré aujourd'hui. Après avoir constaté par toutes les preuves possibles, que la terre a la forme d'une sphère, on l'a *mesurée*... Oui; à l'aide de moyens que nous ne pouvons pas vous expliquer ici, on a mesuré cette grosse boule; et on a trouvé qu'elle a 10 000 lieues de tour. Les savants ont fixé, d'après cette mesure, la longueur que nous appelons *un mètre*. Ils ont pris d'abord *le quart* du contour, ou comme on dit, du *grand cercle* (méridien) de la terre. Puis ils ont pris la *dix-millionnième* partie de ce quart; et ont appelé cette longueur *un mètre*.

Le tour de la terre est donc de 40 millions de mètres, dans tous les sens, puisque la terre est également arrondie de toute part (1).

10 000 lieues! 40 millions de mètres! Quelle boule! Voilà que vous êtes comme effrayés; vous avez peine à imaginer une telle grosseur. — La mer, arrondie aussi, bien entendu (nous l'avons déjà dit), couvre les trois quarts de la surface de cette boule, qui est la terre. Les étendues de terre ferme, les *continents*, forment le reste, et continuent à peu près la même courbure régulière que si la mer s'étendait partout.

(1) Sauf une très-légère différence.

« Mais, allez-vous dire, et les montagnes?... » Les montagnes, mes enfants, n'y font rien. Considérez une orange : sa peau a de petits grains, de petites inégalités. Cela empêche-t-il que l'orange ne soit ronde? Non, n'est-ce pas. Eh bien, *les plus hautes montagnes* sont bien plus

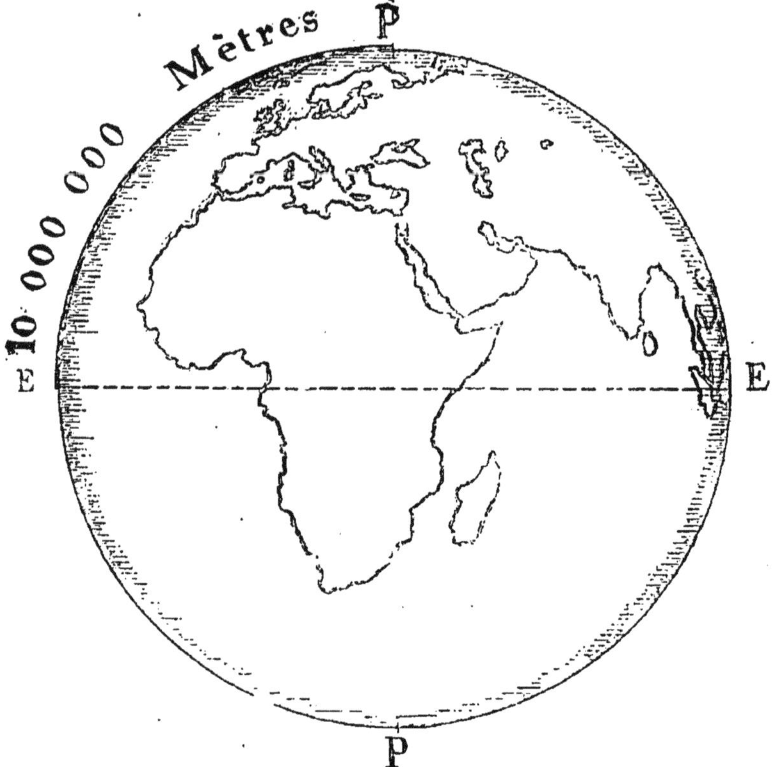

Fig. 8. — Mesure du contour de la terre.

petites à proportion de la terre, que les petits grains de la peau à proportion de l'orange. Si on voulait les figurer exactement en proportion sur ce *globe* qui nous sert à représenter la terre, et qui a, je suppose, la grosseur d'un fort melon, pour y figurer les plus hautes montagnes, dis-je, il faudrait mettre dessus de petits grains de sable, presque imperceptibles. Les petites inégalités des continents et les montagnes n'empêchent donc pas la terre d'être un véritable globe.

Du reste, mes enfants, quand vous aurez un peu familiarisé votre imagination avec ces idées, vous comprendrez bientôt que cette forme, qui est semblable dans tous les sens, qui n'a ni coins (*angles*), ni bords (*arêtes*), est la plus simple et la plus naturelle de toutes les formes. C'est celle que prend d'elle-même la goutte de liquide que l'on fait couler, la goutte de pluie pendant qu'elle tombe, la gouttelette de rosée sur les feuilles. Enfin vous verrez bientôt que le soleil, la lune, tous les astres que nous apercevons au ciel sont des *globes;* il vous paraîtra alors tout naturel que la terre ait aussi cette forme : il eût bien plutôt été étonnant qu'*elle toute seule* eût été faite autrement.

DEUXIÈME LEÇON

LA TERRE EST ISOLÉE DANS L'ESPACE

Position de la terre dans l'espace. — Cette grosse boule de la terre, qui la supporte? qui la soutient? — Rien. La terre est *isolée* dans l'espace. Figurez-vous, mes enfants, ce globe énorme au milieu d'un immense espace vide, *isolé*, ne touchant à rien; comme une bulle de savon qui flotte dans l'air, ou un *ballon* qui plane au-dessus de vos têtes. Mais dans cette étendue où flotte la terre il n'y a même pas d'air; il n'y a rien. Cet espace immense, sans fond, sans bornes d'aucun côté, infini... c'est le CIEL. — *La terre est dans le ciel.*

L'atmosphère.—Le ciel n'est donc pas une voûte bleue arrondie au-dessus de nos têtes. Il n'y a pas de voûte : c'est une simple apparence, une *illusion* de nos yeux. Ce qui cause cette illusion, c'est l'air qui entoure la terre.

L'air que nous respirons, l'air dans lequel nous voyons passer les nuages, ne remplit pas tout l'espace, tout le ciel. Il y en a seulement une certaine épaisseur autour de la terre. L'air *enveloppe* la terre de toutes parts; il forme comme une *couche* également épaisse partout, qui s'arrondit autour de notre globe. Cette *couche d'air*, c'est ce qu'on appelle *l'atmosphère.* Son épaisseur n'est pas grande à proportion, car elle n'est que d'une douzaine de lieues; ce qui signifie que du sol où vous êtes il y a au-dessus de vos têtes de l'air, de plus en plus léger, jusqu'à une cinquantaine de kilomètres en hauteur... Au delà, plus rien — le vide.

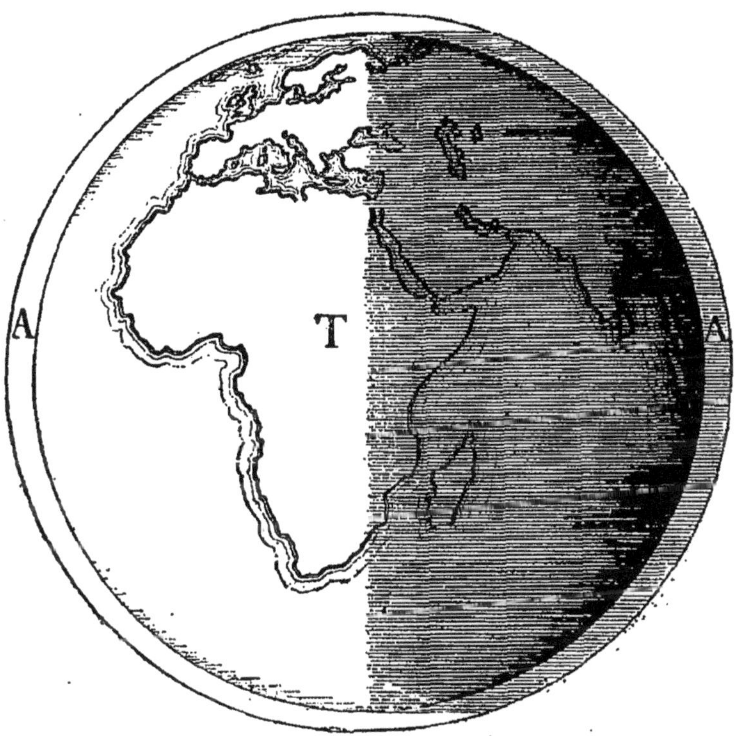

Fig. 9. — La terre enveloppée d'une couche d'air. T, le globe solide de la terre. AA, épaisseur de la couche d'air ou atmosphère.

Or, mes enfants, l'air est *bleu*, comme l'eau est verdâtre. La petite quantité d'air qu'il y a entre nous et les objets voisins ne nous paraît pas bleue, parce qu'en effet sa teinte est très-faible; de même un verre d'eau pure nous paraît parfaitement limpide et non pas verdâtre. Mais quand vous regardez une grande masse d'eau, un lac, par exemple, ou la mer, vous reconnaissez parfaitement la teinte verte. De même quand vous regardez les collines lointaines, par un jour clair, sans brouillard, elles vous paraissent légèrement bleues; c'est la couleur de l'air qu'il y a entre elles et vous qui leur donne cette apparence. L'air, donc, est bleu. Le jour, cette couche d'air qui s'arrondit au-dessus de nos têtes nous fait l'effet d'une voûte bleue. Si l'air est chargé de nuages, il nous semble alors une voûte grise, plus ou moins basse, plus ou moins élevée, selon que ces *vapeurs* qui forment les nuages sont plus lourdes et plus près de la terre, ou plus légères et plus haut flottantes. Mais la nuit, si l'air est sans nuages, alors cette apparence de voûte s'évanouit; et à travers l'atmosphère transparente, nous apercevons l'espace noir et sans fond du ciel, avec les étoiles lointaines, comme de petites étincelles semées dans l'espace. Il ne faut donc pas confondre *l'air*, *l'atmosphère*, qui, éclairée par le soleil, nous semble former la voûte bleue, et que nous appelons quelque fois le ciel, avec *le vrai ciel*, la grande, l'immense étendue vide qui est au delà, où sont loin, bien loin de nous, le soleil, la lune, les étoiles.

Condition des êtres et des objets sur la terre.— Sur cette grosse boule, flottante en plein ciel, qui est la terre, nous sommes tous, vous et moi, placés, pour continuer notre comparaison, à la façon de petites fourmis qui marcheraient sur un gros ballon voyageant à travers l'air. De toutes parts, sur la surface ronde, il y a, ou de l'eau, — les mers, — ou des continents avec leurs montagnes, leurs fleuves et leurs rivières ; puis des arbres, des animaux, des hommes, des maisons, des objets de toute sorte, posés sur le sol.

« Eh quoi, direz-vous en y songeant, il y a des habitants sur tous les côtés de la boule? même à l'opposé de nous? Nous qui sommes *dessus*, ceux-là sont donc *dessous*? Nous avons la tête en haut; ils ont donc la tête en bas? Ah! — Et comment peuvent-ils tenir là? Et les eaux de la mer, des fleuves, des rivières, de ce côté? Et les arbres, les maisons, tous les objets? Comment tout cela ne tombe-t-il pas dans le vide, au-dessous? »

Pourquoi? Parce que la terre est comme un aimant

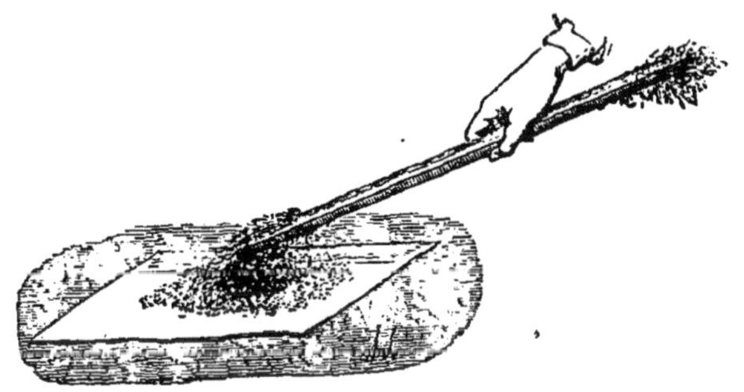

Fig. 10. — Barreau d'acier aimanté attirant et retenant des parcelles de limaille de fer.

qui les soutient et les attire, eux aussi, comme nous-mêmes. Vous avez vu de ces petits barreaux d'acier *aimantés* : quand on en approche de petits clous de fer, des aiguilles, des parcelles de limaille de fer, ces objets s'élancent vers l'aimant, s'y accolent, y restent suspendus. Ils ne tombent pas; l'aimant qui les a *attirés* pour les faire venir à lui les attire encore et les retient. Eh bien, la terre aussi attire à soi, comme un aimant, non pas seulement le fer, mais toute matière; nos corps aussi. C'est cette *attraction*, qui tire tout objet *en bas*, vers le sol, que nous appelons la *pesanteur*.

Pesanteur. — Je tiens un caillou dans ma main. Ce caillou est *pesant*, ce qui signifie que la terre l'attire vers elle. L'effort de cette *attraction*, je le sens très-bien, moi qui tiens le caillou, et qui suis obligé de faire effort aussi en sens contraire pour l'empêcher *d'aller en bas*. Je le lâche : il *tombe*. Il *va vers la terre :* exactement comme la parcelle de fer se précipite vers l'aimant. Il tombe; puis il reste là, en repos, sur le sol, absolument comme mon grain de limaille reste accolé à l'aimant. Pour le retirer de là, mon caillou, il faudrait *faire effort en haut*, pour vaincre l'attraction de la terre qui le retient. De même tous les objets, *en tous les lieux de la terre*, sont attirés vers elle et retenus à sa surface ; ils ne peuvent pas, d'eux-mêmes, s'en détacher.

Fig. 11. — Fil à plomb.

Verticale. — Quand un objet tombe librement, sans que rien ne le dérange, il *va vers la terre* au plus droit et au plus court. La direction de sa chute est ce qu'on appelle la *verticale*. Pour reconnaître cette direction, ayez un *fil à plomb*, c'est-à-dire tout simplement un fil au bout duquel vous attacherez quelque chose d'un peu lourd : une clef, par exemple. Tenez l'autre bout du fil à la main, ou attachez-le quelque part. Ce fil tendu par le poids de l'objet suspendu, quand il a cessé de se balancer et se tient bien en repos, marque exactement la *ligne verticale :* et c'est ainsi que les maçons, les charpentiers vérifient si leurs murs, leurs poteaux sont bien posés *d'à-plomb*, c'est-à-dire *verticalement*.

Eh bien, si vous imaginez que cette ligne du fil à plomb *se prolonge* tout droit, indéfiniment, à travers l'épaisseur de la terre, ainsi prolongée elle arriverait au

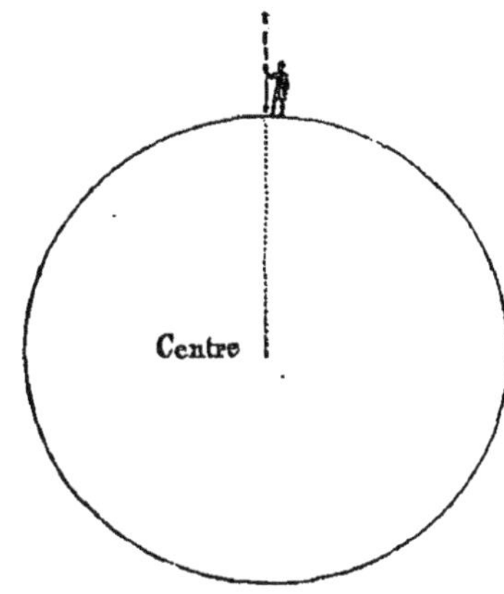

Fig. 12. — Direction verticale marquée par le fil à plomb.

centre de la terre, c'est-à-dire juste au point milieu de la

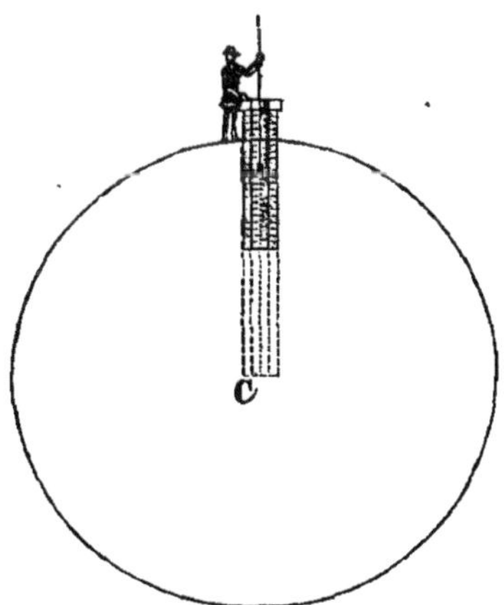

Fig. 13. — Puits creusé verticalement, qui arriverait au centre de la terre s'il était prolongé suffisamment.

boule. Quand on creuse un puits, on a soin de le creuser

bien *verticalement*. Si donc on pouvait le creuser assez profond, on arriverait jusqu'au centre de la terre; et si on y laissait alors tomber une pierre, cette pierre se dirigerait droit, suivant le puits, vers le centre.

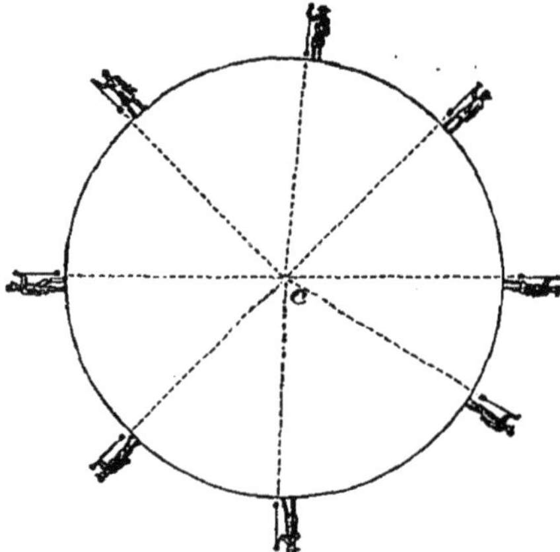

Fig. 14. — Position d'un observateur et direction des verticales en divers points de la terre.

Or, puisque la terre a la forme d'une boule, si en divers points de sa surface on marque la direction verticale (au moyen de fils à plomb), ces verticales se dirigent toutes vers le centre. Si on suppose ces verticales prolongées, perçant l'épaisseur de la terre, toutes iront se réunir au centre. Et puisqu'en chaque lieu la verticale est la direction des objets qui tombent, nous dirons donc que tous les objets sont attirés, de toutes parts, *vers le centre de la terre*.

Et maintenant, réfléchissez. Où est *le bas?* Vers le sol où sont posés nos pieds, ou plutôt encore, droit vers le centre de la terre. Où est *le haut?* Du côté opposé, c'est-à-dire vers le ciel. Nulle part donc les hommes sur la terre n'ont *la tête en bas;* partout ils ont les pieds vers le bas, qui est l'intérieur de la terre; et la tête vers le ciel, qui est *l'espace* tout autour de notre globe — la tête en *haut* par conséquent. — Qu'est-ce que *tomber?* C'est aller vers le centre de la terre. Et *monter?* C'est aller vers le ciel. Ceux qui habitent les contrées de la terre opposées aux nôtres, pas plus que nous ne peuvent *tomber dans l'espace.* Quitter la terre, pour eux comme pour nous, ce serait non pas tomber, mais *monter*, aller en haut, aller vers le ciel. Craignez-vous donc, vous, de vous détacher du sol et de vous sentir enlever dans l'espace?—Eh bien, pour eux, ce serait la même chose. Ils se trouvent aussi bien que nous dans une position droite, et non pas ren-

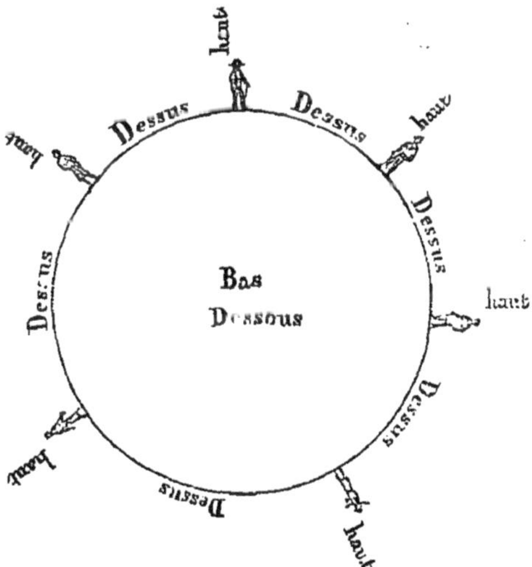

Fig. 15. — Positions des habitants en divers points de la surface de la terre.

versée; dans une position naturelle et stable, les pieds sur le sol, la tête vers le ciel. Ils se sentent *sur* la terre et non pas *dessous*. Le *dessous*, ce serait l'intérieur du globe : le dessus est tout autour. La même *attraction* ou *pesanteur* retient de tous côtés les divers objets stables sur le sol, et les eaux, et l'air, l'atmosphère qui environne la terre. Tout est semblable de toute part : la terre, qui attire également dans tous les sens, et tout autour également, le ciel.

Équilibre de la terre dans l'espace. — Et désormais, pour la même raison, vous ne vous demanderez plus *pourquoi la terre elle-même ne tombe pas*, ce qui soutient ce globe énorme. — Les anciens, qui ne se rendaient pas compte de la forme de la terre, qui ignoraient ce que c'est que le ciel — tout ce que je viens de vous expliquer — ne pouvaient se figurer qu'une aussi grosse masse pût se soutenir sans être posée sur quelque chose, suspendue à quelque chose, portée enfin sur de solides appuis.

« Sans cela, pensaient-ils, elle tomberait... » Et alors les voilà d'imaginer les inventions les plus bizarres pour empêcher la terre de tomber. Les uns se la figuraient posée sur d'énormes piliers, les autres soutenaient qu'elle était portée sur le dos de quatre éléphants... et quels éléphants ! Plus tard, quand on sut que la terre est ronde, il y en eut qui se la figurèrent embrochée de travers en travers par un gros essieu en fer... Et tout cela n'avançait guère, et ne faisait que reculer la difficulté. La terre est portée sur des colonnes : bien ; — mais les colonnes sur quoi sont-elles bâties ? La terre est portée sur des éléphants : et les éléphants, sur quoi ont-ils les pieds ? Et l'essieu de fer, qui le soutient ? — D'autres encore pensèrent que le globe devait être suspendu par une immense chaîne d'or accrochée à la voûte du *firmament* (du ciel) — comme un lustre pendu au plafond !... Mais à présent que nous savons qu'il n'y a pas de voûte, voilà la chaîne décrochée... Au reste, maintenant qu'on a fait le tour de la terre dans tous les sens, s'il y avait eu des supports, d'un côté ou de l'autre, on les auraient vus : ils auraient été assez gros pour qu'on les vît, sans doute ! Or on n'a rien vu du tout ; on a constaté, au contraire, que le globe est parfaitement *isolé* de toutes parts.

Mais pourquoi faire, des supports, des chaînes ? Pour empêcher la terre de tomber ? Tomber où ? En bas ? — Mais le *bas*, par rapport à nous, c'est le centre de la terre même, nous l'avons dit. Dans l'espace immense et vide du ciel, où est le bas ? Et ne voyons-nous pas le soleil, la lune, tous les astres, boules énormes, flotter en plein ciel sans que rien ne les supporte ? La terre aussi, comme eux, dans le ciel, peut aller, venir en tous sens — il y a de la place ! — emportant avec elle ses habitants, ses mers, son atmosphère ; aller, venir, non pas *tomber* : c'est un mot qui n'a pas de sens, pas plus que « le *fond* », « le *bout* », « le *bord* », « le *bas* », « le *haut* », quand il s'agit de l'espace sans fin et sans limite.

TROISIÈME LEÇON

LA TERRE TOURNE SUR ELLE-MÊME

Apparences du lever et du coucher des astres. — Quand le ciel n'est pas trop chargé de nuages, nous voyons, chaque matin, et toujours vers le même côté de l'horizon, se *lever* le soleil. On aperçoit le bord de son beau disque brillant qui paraît s'élever derrière les bois lointains ou les collines de l'horizon, comme s'il sortait de

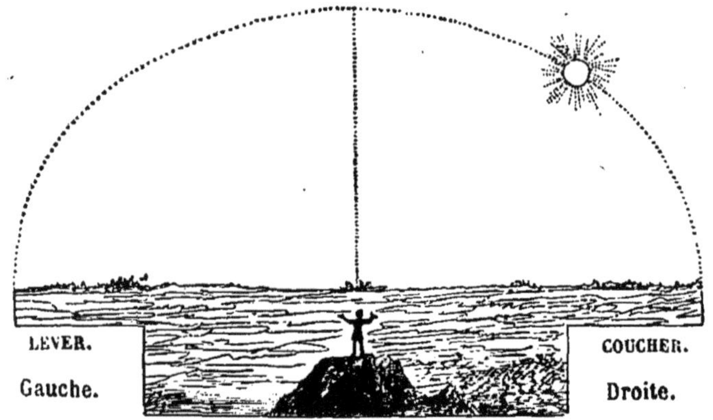

Fig. 16. — Chemin apparent du soleil dans le ciel, de son lever à son coucher.

terre. Peu à peu il grandit; en quelques instants il se dégage tout à fait, puis il semble se détacher de la terre et monter dans le ciel.

Si pendant les heures de la matinée vous observez encore la position du soleil, vous remarquez qu'il continue de s'élever au-dessus de l'horizon, mais non pas *tout droit : obliquement*. Tout en montant dans le ciel, il avance *vers votre droite*. (Vous avez, en l'observant, tourné le visage vers lui.) — A midi, il est arrivé à sa plus grande hauteur, bien loin de l'endroit où vous l'avez vu se lever le matin.

Pendant l'après-midi, le soleil continue d'avancer vers *la droite* de l'observateur qui le regarde; mais au lieu de monter, il décline; il semble s'abaisser obliquement. Vers le soir, il paraît tout près de terre du côté opposé à son lever. Alors on le voit se coucher graduellement derrière l'horizon, comme s'il s'enfonçait lentement dans la terre. Bientôt il aura disparu tout à fait. C'est le *coucher* du soleil.

Quand on cherche à se figurer le chemin que le soleil a paru suivre à travers le ciel pendant la durée de la journée, on trouve que c'est une grande courbe arrondie, une partie du contour d'un vaste cercle.

Si nous observons la *lune*, nous la voyons, elle aussi, se lever à l'horizon, *du même côté* que le soleil; monter obliquement dans le ciel en cheminant lentement, dans le même sens que lui, puis redescendre et se coucher de même, à l'opposé. Elle aussi semble suivre un chemin arrondi, *tourner*. Enfin, mes enfants, quand par une nuit claire on regarde les étoiles, on voit qu'elles aussi semblent changer de place lentement dans le ciel; *toutes ensemble* paraissent aussi *tourner*, et dans le même sens que le soleil et la lune.

Mouvement apparent du ciel. — Mouvement réel de la terre. — La première idée qui vient à l'esprit, c'est que le soleil, la lune et les étoiles tournent, en effet, autour de la terre. C'est là justement ce que pensèrent les anciens, les premiers *observateurs*. « Le soleil, se disaient-ils, fait le tour de la terre en décrivant un grand cercle. Après avoir fait une partie de son tour devant nos yeux, au-dessus de notre horizon, continuant à tourner, il passe de l'autre côté de la terre, là où nous ne le voyons plus. Il revient *par en-dessous*, et achève son tour pour reparaître et se lever le lendemain du même côté que la veille ; et chaque jour ainsi, mettant vingt-quatre heures à faire son voyage entier. » Et comme on voyait la lune, les étoiles, marcher aussi dans le même sens, ils pensèrent d'abord que *le ciel tout entier*, tout d'une pièce, avec ses astres, tournait autour de la terre.

Comme c'était conforme à l'apparence, longtemps, longtemps on le crut. Il fallut bien des siècles, bien des observations, des raisonnements et des preuves, pour qu'enfin on comprît que ce n'est pas le ciel, avec le soleil, la lune, les étoiles, qui tourne autour de la terre, mais au contraire notre globe qui *tourne sur lui-même*, qui pirouette à la façon d'une toupie...

La terre tourne! — Voilà, mes enfants, une chose qui, à première vue, semble bizarre, impossible, absurde. Cela parut tel aussi à tout le monde quand, il y a trois siècles, pour la première fois, un homme, un grand savant, osa proclamer que la *terre tourne*, que le soleil ne tourne pas. On le crut fou! Cela renversait tout ce qu'on croyait voir et savoir. — « Quoi, la terre tourne! le sol, que nous sentons si ferme sous nos pieds, il se meut? » — « Oui. » — « Les champs, les arbres, les maisons, les villes et les villages, tout cela tourne, roule, danse une ronde effrayante?... » — « Sans doute. » — « Et nous, qui sommes sur la terre, nous tournons avec elle, alors? » — « Bien entendu. » — « Moi! je tourne? Moi qui suis assis là tranquillement, je roule avec la boule de la terre, je tourbillonne, je voyage sans le savoir? Mais si cela était vrai, je verrais tout tournoyer autour de moi ; je sentirais le sol fuir sous mes pieds, je me sentirais moi-même emporté, j'aurais le vertige! Au contraire, je vois que tout est en repos autour de moi ; et moi-même je me sens immobile. » Voilà ce qu'on disait — ce que vous vous dites aussi, peut-être. Pourtant réfléchissons un peu.

Les illusions du mouvement. — Quand vous changez de place, à quoi vous en apercevez-vous ? A ce que les objets qui vous entourent ne sont plus les mêmes, ou ne sont plus dans la même position par rapport à vous. — Vous marchez dans la campagne. Regardez en face de vous, là bas, au côté de la route, cet arbre, cette maison. A mesure que vous marchez, il vous semble que la maison approche, approche. Elle était au loin, et maintenant la voici tout près. Est-ce que la maison s'est déplacée pour venir au-devant de vous ? Vous riez. « C'est nous qui nous sommes rapprochés de la maison. » — Bien. Vous passez en face, et la voilà *à côté* de vous. Puis vous la dépassez : elle est derrière. Et maintenant, tandis que vous continuez votre route, elle semble reculer peu à peu, s'éloigner pour disparaître enfin dans le lointain.

En voiture, en chemin de fer surtout, l'effet est plus curieux. Tandis que la voiture roule, si elle est fermée, ou si vous regardez *à l'intérieur seulement*, en face, auprès de vous, les personnes et les objets que la voiture emporte avec vous vous semblent toujours à la même distance et dans la même position par rapport à vous. *Rien* donc *ne vous fait apercevoir que vous changez de place.* Tout, au contraire, pour vos yeux paraît immobile. Et s'il n'y avait pas la petite secousse qui vous avertit que vous êtes en marche, vous croiriez que la voiture s'est arrêtée. En chemin de fer, on y est trompé quelquefois. — Mais si vous ouvrez la portière pour regarder *au dehors*, c'est tout autre chose ! Vous voyez accourir au-devant de vous les champs, les arbres, les villages. Arrivés en face, ils défilent, défilent, puis s'enfuient là-bas. A vos yeux, il semble que la campagne follement court et tourbillonne; sans le bruit de la marche, vous pourriez croire.... Mais non, vous ne pourriez pas le croire : votre œil s'y trompe, mais vous ne vous y trompez pas. Vous comprenez fort bien que c'est là *une illusion*. En voyant fuir les objets en arrière, votre raisonnement vous fait conclure que c'est vous qui avancez.

Une autre observation encore. Il vous est arrivé, n'est-ce pas, de monter sur les chevaux de bois d'un carrousel de foire. Là, tandis que la machine roule et que la musique joue, si vous regardez autour de vous, vous voyez les spectateurs, la place, les maisons tourner, tourner en sens contraire avec une rapidité à donner le vertige. Ce qui était à droite, en un instant passe à gauche... Pour vos yeux, il semble que tout tournoie et tourbillonne; c'est encore une *illusion*, et vous savez fort bien que c'est l'effet de votre mouvement. Mais si, au lieu de regarder ces choses, vous vous arrangez de manière à ne voir que la machine elle-même, son toit de toile, ses chevaux de bois et les enfants qui les montent, alors vous avez une autre illusion. Comme tous ces objets se meuvent en même temps que vous, tout d'une pièce, vous ne les voyez pas s'approcher ou s'éloigner de vous; *ils vous paraissent immobiles*. Rien ne vous fait plus juger de votre mouvement ; et s'il n'y avait pas la petite secousse de la machine, vous croiriez qu'en effet elle s'est arrêtée.

De toutes ces observations, et d'autres semblables que vous ferez vous-mêmes, concluons et retenons bien deux choses :

1° Quand on est en mouvement, les objets qui sont emportés par le même mouvement *paraissent immobiles;*

en sorte que, si l'on ne voit qu'eux, on ne s'aperçoit pas du mouvement, et *on se croit immobile aussi.*

2° Les objets réellement immobiles paraissent *se mouvoir en sens contraire.*

Impossibilité du mouvement du ciel et des astres. — Maintenant, revenons à la terre. Si la terre est immobile, il faut que le soleil, la lune, les étoiles, tournent réellement autour de nous, comme il paraît, dans le temps de vingt-quatre heures. Eh bien, voyons le résultat.

Sachez d'abord, quoique cela puisse vous étonner, que le soleil est une boule énorme, des centaines de mille fois plus grosse que la terre... Nous vous prouverons cela plus tard. Notre terre, que nous trouvons si vaste, n'est qu'une bille, en comparaison. Et les étoiles, elles sont au moins aussi grosses que le soleil : — or il y en a des milliers, des millions ! La terre à proportion de *l'univers*, voyez-vous, c'est un grain de sable, — moins encore, une poussière, un *atome* imperceptible dans l'espace. S'imaginer que tout cet immense univers tourne autour de notre petite, petite boule, à nous, est-ce raisonnable, vraiment? N'est-ce pas comme si un enfant, assis sur le cheval de bois du carrousel, s'imaginait que les personnes, les maisons, le village, toute la campagne au loin et le pays tout entier se sont mis à tourner autour de lui, pour lui donner le spectacle de leur tourbillon ? — Mais il y a plus.

Si on tourne *en cercle*, autour d'un objet, plus on est éloigné de cet objet, plus le cercle est grand, plus le tour est long à faire, et plus il faudra courir vite si on veut le faire dans le même temps. Or le soleil, comme vous le verrez, est *à plusieurs millions de lieues* de la terre. Quel tour il aurait à parcourir ! Et quelle vitesse effrayante pour accomplir ce tour immense en un seul jour ! Plus de 200 millions de lieues à faire dans sa journée ! Plus de douze cent mille lieues dans une minute ! Et ce n'est rien encore. Les étoiles, globes aussi gros que le soleil, sont à des distances des milliers, des millions de fois plus grandes. Pour faire le tour de la terre en un seul jour, il leur faudrait voler, tourbillonner avec une vitesse de plusieurs milliards de lieues par seconde !... — Non, tenez, c'est insensé. Se figure-t-on tous ces gros globes, par millions, tournoyant autour de notre petite boule avec cette rapidité inimaginable ! C'est absurde, fou, de croire pareille chose !

Mouvement réel de la terre. — Et maintenant, au contraire, admettez que c'est la terre qui tourne. Tout devient simple, naturel. Que cette petite boule pirouette sans trop se presser, c'est là un mouvement raisonnable, qui n'est rien à proportion des courses folles de tout à l'heure. Les apparences seront encore les mêmes que si le ciel tournait; et tout s'explique de la façon la plus simple. Les difficultés, les objections s'évanouissent. La terre tourne : nous aussi. Pourquoi ne nous apercevons-nous pas de ce mouvement ? Parce que le sol, les arbres, les maisons, tout ce qui tient à la terre — l'atmosphère aussi et les nuages — tournent de même. Rien ne paraît changer de place à nos yeux, parce que tout se meut d'ensemble, et nous avec. Rappelez-vous nos observations : c'est comme dans la *voiture fermée*. Et parce que la terre se meut sans aucun bruit, sans aucune secousse, d'un mouvement parfaitement doux — plus doux que celui de la barque qui glisse sur une eau tranquille—rien ne nous fait sentir sa marche, et nous la croyons immobile. Mais si, au lieu de regarder *les objets terrestres*, nous regardons le soleil, la lune, les étoiles, qui ne tournent pas avec nous, qu'arrive-t-il ? — *Qu'ils nous paraissent tourner en sens contraire.* C'est comme dans la voiture ouverte, quand nous regardons à l'extérieur, et voyons fuir les arbres et les champs. — Nous sommes sur le carrousel, qui est la la terre; et le soleil, les étoiles sont les spectateurs, les objets lointains qui semblent tourbillonner à rebours.

Nature du mouvement de rotation.—Pour avoir une idée nette du mouvement de la terre, prenez une boule, une orange, si vous voulez. Embrochez-la d'une longue ai-

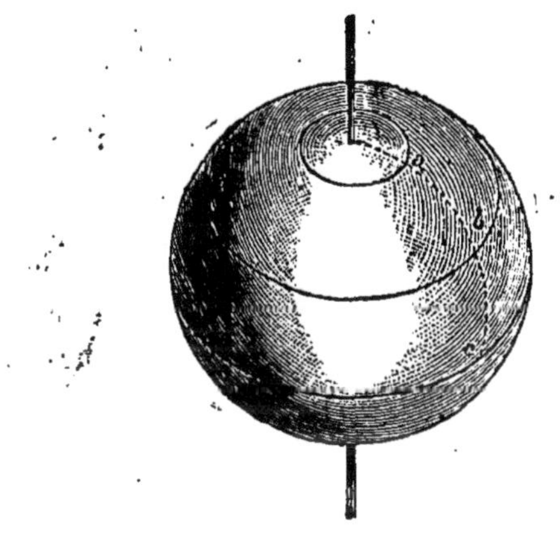

Fig. 17. — Boule embrochée d'une aiguille, et représentant la terre.

guille à tricoter. Puis, roulant l'aiguille entre vos doigts, faites tourner la boule comme une *roue*. On dit alors que la boule *tourne sur elle-même;* et cette sorte de mouvement est appelé *rotation*, c'est-à-dire mouvement de roue. L'aiguille qui traverse la boule par son *centre* marque la direction d'une *ligne* qu'on appelle l'*axe* de la boule, et autour de laquelle elle tourne : c'est comme l'*essieu* de la roue. Les deux points auxquels cet *axe*, figuré par l'aiguille, perce la surface de la boule, sont nommés les deux *pôles*.

Observez maintenant avec attention notre boule tandis qu'elle tourne. Suivez de l'œil une petite tache, un point marqué sur la boule: vous voyez que ce point *décrit un cercle* autour de l'axe. De même chaque point de la surface de la boule. Mais un point *a* qui est près d'un *pôle* fait un tour tout petit; un autre, *b*, plus éloigné, décrit un tour plus grand dans le même temps, va plus vite par conséquent. Prenez un point *c* juste au milieu entre les deux pôles : c'est lui qui décrit le cercle le plus grand. Si nous tranchions la boule par ce cercle, qui est partout à égale distance des deux pôles, nous aurions partagé la boule en deux demi-boules égales.

Mouvement de la terre. — Eh bien, la terre tourne de même, —sans être traversée par aucune aiguille ou essieu réel, bien entendu (mais une toupie lancée tourne aussi *sur elle-même* sans être embrochée d'un essieu). Nous imaginons seulement une ligne dans l'intérieur de la terre, autour de laquelle la terre tourne comme sur un essieu; et cette ligne, nous l'appelons *l'axe de la terre.* Les deux points où cette ligne pénètre la surface de la terre sont les deux *pôles* (1).

Excepté ces deux points, tous les points de la surface de la terre, en vingt-quatre heures (un jour et une nuit), tournent, en décrivant des cercles plus ou moins grands, suivant qu'ils sont plus ou moins éloignés des pôles.

Ceux qui font le tour le plus grand sont ceux qui sont situés sur un *grand cercle* que nous imaginons tracé à la surface du globe à égale distance des deux pôles. Ce cercle, qui partage le globe de la terre en deux *hémisphères* (demi-sphères) égaux, est appelé *équateur.* Voyez-le représenté sur votre *globe terrestre.* Un tel cercle n'est pas, bien entendu, *tracé* à la surface de la terre; mais les points qui le composent existent réellement; seulement rien ne les distingue des autres points de la surface, si ce n'est qu'ils sont à égale distance des deux pôles. Les points

(1) Suivre ces explications sur une sphère terrestre.

situés ainsi, les hommes qui habitent en ces lieux font donc le plus grand tour—le tour entier de la terre, c'est-à-dire 10 000 lieues, en vingt-quatre heures : c'est presque 7 lieues par minute. Mais la FRANCE, — cherchez sur votre globe, — est plus rapprochée du pôle; vous, moi, en un jour, nous faisons donc un tour moins grand que les habitants des pays de l'*équateur* : environ 6 500 lieues par jour, quelque chose comme 4 lieues et demie par minute seulement. « Seulement? » direz-vous. — Mais à proportion des mouvements qu'il eût fallu supposer au soleil et aux étoiles, pour les faire tourner autour de la terre, ce n'est rien, rien en vérité! — Et si nous ne nous apercevons pas d'un tel mouvement, vous savez maintenant pourquoi.

Je comprends que l'idée de la terre tournant avec tout ce qu'elle supporte entre un peu difficilement dans votre imagination et vous étonne. Mais bientôt vous saurez que tous les autres globes du ciel, le soleil, la lune, d'autres encore que nous pouvons apercevoir autour de nous, *tous tournent* sur eux-mêmes : *on les voit tourner...* Et alors vous comprendrez que ce qu'il y eût eu d'étonnant, au contraire, c'eût été que *la terre toute seule* fût autrement que les autres : tous tournant, elle seule *immobile*.

Enfin, on a pu avoir des PREUVES directes, positives du mouvement de la terre; je ne vous les rapporte pas, parce que pour les comprendre il faudrait suivre des raisonnements trop difficiles pour vous : quand vous saurez tout ce qu'il y a dans ce petit livre, vous les chercherez et les apprendrez sans peine dans d'autres livres d'astronomie où je les ai réunies. Mais du moins sachez dès aujourd'hui que ces preuves existent; de telle sorte que parmi les gens instruits il ne vient à l'idée de personne de douter un seul instant que *la terre tourne*.

QUATRIÈME LEÇON

LE JOUR ET LA NUIT.

Apparences du jour et de la nuit. — *Points cardinaux.* — Nous venons de vous expliquer comment, *en vingt-quatre heures*, la terre tourne sur elle-même. Vous allez voir maintenant comment toutes les apparences du jour et de la nuit sont les effets de ce mouvement.

Quand l'air est pur, longtemps avant le lever du soleil, un côté du ciel se blanchit d'une lumière pâle qui va grandissant : c'est l'*aube*. Puis cette lueur se dore, rougit; les vapeurs, les petits nuages qui flottent dans l'air deviennent roses, puis couleur de feu ; la lumière croît de plus en plus : c'est l'*aurore* qui précède le grand jour. A ce moment le soleil est encore caché pour nos yeux : mais sa lumière éclaire déjà la partie supérieure de l'atmosphère, qui paraît alors lumineuse et nous renvoie ses reflets. C'est ce qu'on appelle le *crépuscule du matin.*

Enfin le soleil apparaît : il semble, comme nous l'avons dit, sortir de terre à l'horizon. A ce moment ses rayons rasent le sol, et les ombres des objets s'allongent à l'opposé. Le côté de l'horizon vers lequel le soleil se lève, nous l'appelons l'*orient*, ou bien encore l'*est.*

A mesure que le soleil semble monter en décrivant sa grande courbe, l'éclat du jour est plus vif et la chaleur plus grande. Au moment de midi, où l'astre est le plus haut dans le ciel, ses rayons tombent bien moins *oblique-*

ment sur nos têtes; *l'ombre des objets* sur le sol est alors plus courte : vous avez remarqué sans doute que les murs et les maisons donnent peu d'ombre à leur pied au milieu de la journée. Il est midi donc ; tournons-nous vers le soleil : la partie de l'horizon au-dessus de laquelle il nous paraît en ce moment et que nous avons en face de nous,

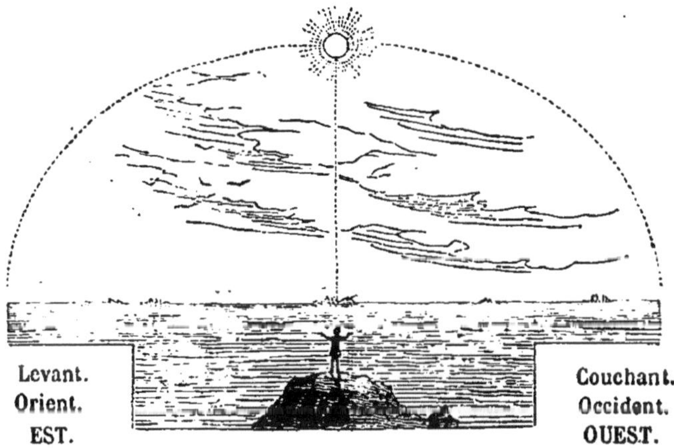

Fig. 18. — Le soleil à midi, au plus haut de sa courbe apparente. L'observateur regardant le soleil a le midi en face; le nord derrière; l'est à gauche et l'ouest à droite.

c'est le *midi*, qu'on appelle encore *sud*. Derrière nous, dans la direction exactement opposée est le *septentrion*, autrement dit le *nord*.

Tandis que le soleil décline, sa lumière perd graduellement de sa force et sa chaleur diminue. Au moment où l'astre semble toucher terre, ses rayons ne nous arrivent plus qu'en rasant le sol, presque *horizontalement* : les ombres des objets s'allongent démesurément, *dans une direction opposée* à celle qu'elles avaient le matin. Enfin, le soleil semble s'enfoncer sous l'horizon.

Longtemps après son coucher on voit encore au ciel

des nuages dorés et des reflets rouges de feu, comme à l'aurore. Puis tout s'éteint, et on ne voit plus qu'une lueur pâle qui va s'effaçant. C'est que le soleil, déjà caché pour nos yeux, éclaire encore pendant quelque temps

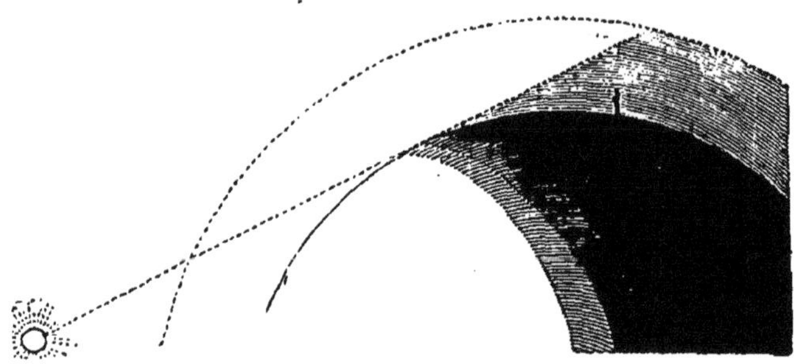

Fig. 19. — Crépuscule. La partie supérieure de l'atmosphère est encore éclairée au-dessus d'une partie de la surface du globe déjà dans l'ombre.

les hauteurs de l'atmosphère : c'est le *crépuscule du soir*, après lequel vient la nuit. A mesure que la clarté du jour s'efface, les étoiles commencent à se montrer : les plus brillantes d'abord, puis toutes, les unes après les autres.

Le côté de l'horizon où le soleil se couche se nomme tout naturellement le *couchant*, ou bien encore l'*occident*; on dit aussi l'*ouest*.

Orientation. — Quand on est tourné vers le soleil à midi, on a donc devant soi le *sud*, le *nord* derrière, l'*est* à gauche, à droite l'*ouest*. Ces quatre directions sont appelées les quatre *points cardinaux* (c'est-à-dire *principaux*). Reconnaître, du lieu où l'on se trouve, ces quatre directions remarquables, cela s'appelle *s'orienter* (trouver l'*orient*, et par suite les trois autres points).

Exercez-vous à vous *orienter* par la position du soleil à son lever, à son midi ou à son coucher ; c'est une chose fort utile et fort agréable en quelque lieu qu'on habite ou qu'on se trouve; elle peut en certaines circonstances vous empêcher de vous égarer, de perdre votre chemin. C'est en *s'orientant* avec beaucoup de soin et d'exactitude que les navigateurs parviennent à se diriger sur la mer « où il n'y a aucun chemin tracé ».

Distribution de la lumière sur un globe : expérience. — C'est le soir; une lumière, posée sur la table, éclaire seule la chambre : ce sera, si vous voulez, une

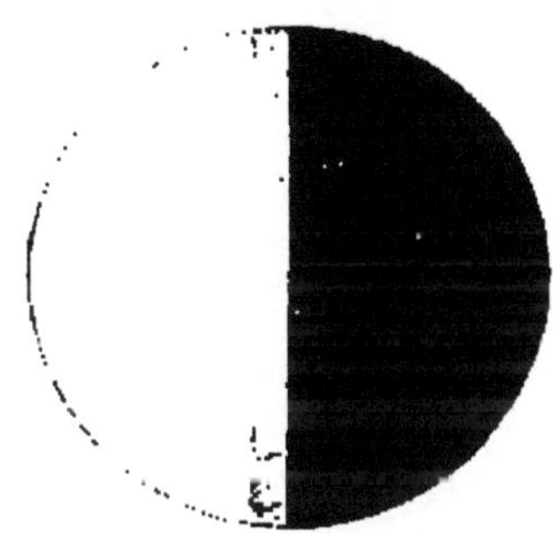

Fig. 20. — Boule éclairée d'un côté, obscure de l'autre.

lampe, avec son beau globe de verre dépoli entourant la flamme. Prenez encore votre boule, ou votre pomme, ou votre orange, et tenez-la à quelque distance, en face de la lampe. Un côté seulement de la boule est éclairé; celui qui est tourné vers la lampe; l'autre est obscur, il est dans l'ombre. Entre le côté éclairé et le côté sombre, la limite de l'ombre et de la lumière forme autour de votre boule *un cercle* qui la partage en deux parties égales. La moitié de la surface de la boule est dans la lumière, l'autre moitié est dans l'ombre.

Ainsi est la terre, dans l'espace, en face du soleil. Le soleil, comme la lampe, envoie de toute part autour de lui de la lumière; la terre, comme la boule, reçoit la lumière. Mais une moitié seulement de la terre est éclairée; celle qui est tournée vers le soleil. L'autre est dans l'obscurité. D'un côté la lumière, *le jour;* de l'autre, l'ombre, les ténèbres, *la nuit*. Le jour, c'est donc la lu-

Fig. 21. — Le jour et la nuit. La terre isolée flottant dans le ciel et éclairée d'un côté par le soleil.

mière donnée par le soleil; la nuit, c'est l'ombre de la terre, à l'opposé.

Alternatives du jour et de la nuit. — Si la terre était *immobile* devant le soleil (immobile aussi), toujours le même côté de notre globe regarderait vers l'astre, et les pays de ce côté recevraient toujours la lumière : les habitants de ces pays auraient perpétuellement le jour. Et toujours l'autre face serait plongée dans les ténèbres : ce serait la région de l'éternelle nuit. Ce qui fait que nous avons alternativement, successivement, le jour puis la nuit, *c'est que la terre tourne.*

Reprenez votre orange traversée de son aiguille; présentez-la à la lampe, de telle sorte que les points où l'aiguille perce l'orange, ses *pôles*, soient tous deux à la limite de l'ombre et de la lumière; faites lentement tourner la boule *sur son axe*, en roulant l'aiguille entre les doigts. Vous observerez alors que *tous les points* de la surface de la boule passent successivement, et chacun à leur tour, dans l'ombre et dans la lumière.

Remarquez un point à la surface, une petite tache, par exemple : vous savez qu'en tournant elle décrit un cercle. Vous la verrez traverser successivement l'espace éclairé et l'espace obscur; puis revenir, et ainsi de suite. Pendant la moitié de son tour, elle est dans la lumière; tandis qu'elle décrit le reste de son cercle, elle est dans l'ombre. — Marquez un autre point sur la boule à l'opposé de celui-ci : tandis que le premier traversera l'espace éclairé, le second sera du côté obscur; et réciproquement, quand le premier passera dans l'ombre, le second viendra à son tour se présenter à la clarté.

Eh bien, la terre tournant sur elle-même en face du soleil, un effet tout semblable se produit. Les différents pays de la terre, en tournant, tantôt se trouvent passer du côté du soleil, dans l'espace éclairé, tantôt à l'opposé, du côté obscur : chacun traverse successivement la lumière et l'ombre. — Tandis qu'un pays traverse l'espace éclairé, pendant tout ce temps il voit le soleil : il a le jour; lorsque, achevant son tour, il passe du côté obscur, il a la nuit. Et de plus, tandis que ce pays est dans la lumière, d'autres, situés à l'opposé, ont la nuit; et quand le premier se plongera dans l'ombre à son tour, ceux-ci viendront au jour. Vous comprenez donc maintenant très-bien comment, par la *rotation* de la terre :

1° chaque pays — le nôtre, si vous voulez, la France — a successivement le jour et la nuit ; 2° tous les pays n'ont pas la lumière en même temps, les uns étant dans le jour tandis que d'autres ont la nuit, et réciproquement.

Différence des heures. — Mais ce n'est pas tout; il faut nous rendre compte en détail de tous les phénomènes curieux qui en résultent.

Pour y arriver plus facilement, on a imaginé, tracés sur la surface de la terre, d'un pôle à l'autre, de grands *demi-cercles* que l'on appelle des *méridiens;* vous verrez bientôt pourquoi. Prenez votre globe terrestre : vous y voyez, à travers les continents et les mers, des demi-cercles ainsi tracés, figurant à peu près comme les côtes d'un melon... Tous ces demi-cercles, comme vous le voyez, coupent l'*équateur* en leur milieu. — On est dans l'habitude, en géométrie, de diviser le contour de tous les cercles en 360 parties égales, qu'on appelle *degrés.* On a donc supposé l'*équateur* divisé de même ; et par chacun des degrés on imagine un demi-cercle tracé d'un pôle à l'autre : on a donc ainsi 360 demi-cercles méridiens. — Mais comme des cercles aussi rapprochés couvriraient trop nos petits globes et embrouilleraient le dessin, on ne les y trace pas tous, mais seulement quelques-uns, de 10 en 10 degrés, par exemple, ou de 15 en 15 degrés. Si vous regardez votre globe terrestre en mettant votre œil *juste dans la direction de l'axe,* droit en face d'un des pôles, vous verrez ces méridiens tracés qui alors vous feront l'effet des rayons d'une roue : l'équateur formera la *circonférence* de cette roue apparente (fig. 22).

Présentons maintenant notre *sphère terrestre* en face de la lampe ou du soleil, de manière que le cercle limite de la lumière et de l'ombre passe par les pôles — comme nous avons déjà fait pour notre boule. Cherchons sur notre sphère l'endroit qui représente notre pays : la France. Puis, lentement, faisons tourner le globe. Au mo-

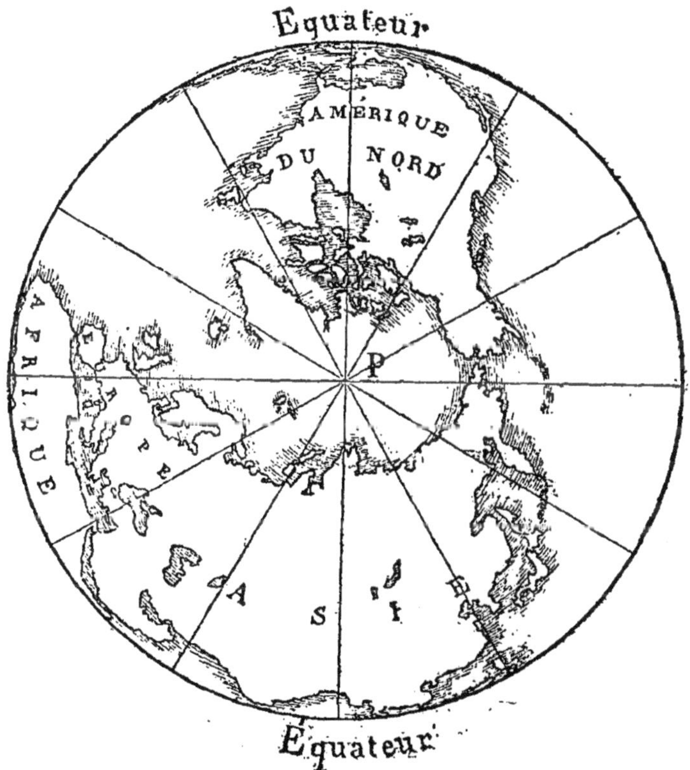

Fig. 22. — La sphère terrestre vue par un observateur situé en face du pôle P.

ment où la France se présente pour entrer dans la lumière, les rayons lumineux rasent la surface de la boule à cet endroit. C'est la position où nous nous trouvons quand, par suite du mouvement de la terre, notre pays entre dans la lumière. A ce moment nous commençons à voir le soleil; ses rayons rasent la terre, et il nous semble voir l'astre lui-même au ras du sol. C'est donc pour nous le moment du *lever du soleil.*

Faisons tourner le globe. Bientôt la France arrivera juste en face de la lumière. Un petit *bonhomme* que vous imagineriez planté en ce point sur votre globe, et qui représentera... — vous, si vous voulez — aurait la lampe (ou le soleil) presque droit au-dessus de sa tête. Quand notre pays est arrivé dans une position semblable, le soleil nous paraît alors à son plus haut point dans le ciel : il est pour nous *midi.*

Continuez à faire tourner votre sphère : au moment où l'endroit marqué France va rentrer dans l'ombre, la lumière, en ce point, ne fait plus que raser la surface. Cette position nous représente le moment de la journée où notre pays va entrer dans l'ombre de la terre ; les rayons du soleil ne nous éclairent plus qu'en rasant le sol, le soleil lui-même semble toucher la terre, et va disparaître. Et pendant tout le temps que notre pays mettra à traverser l'espace obscur, ce sera pour nous la nuit.

Diversité des heures aux différentes longitudes. Cherchez sur votre *sphère terrestre* le *méridien* qui va d'un pôle à l'autre en traversant notre France, et passant par sa capitale, *Paris.* Quand le demi-cercle que nous imaginons tracé ainsi sur la terre est *juste* au milieu de l'espace éclairé, droit en face du soleil, non-seulement Paris, mais tous les points de la terre situés sur ce même demi-cercle ont en même temps midi. De là le nom de *méridien*, qui signifie ligne de midi.

Tous les points d'un même méridien passant donc à la fois devant le soleil ont *midi en même temps.* Mais, en ce moment, les autres lieux de la terre ou ne sont pas encore arrivés à cette position, ou l'ont déjà dépassée. Les divers points de la surface de la terre n'ont donc pas tous à la fois la même heure. Ceux-là seulement qui sont situés sur le même demi-cercle méridien, ayant midi en même temps, *ont à la fois la même heure* pendant toute la journée. Ceux qui sont situés ailleurs ont une autre heure, qu'il est facile de calculer.

Vous savez que le *jour*, je veux dire ici le temps de la clarté, n'a pas toujours la même durée : l'été, les jours sont longs, et alors les nuits sont plus courtes; l'hiver, les jours sont courts, et la nuit dure plus longtemps. Plus tard nous vous expliquerons la cause de cette inégalité des jours et des nuits. Pour le moment, rappelons-nous qu'un *jour complet*, et j'entends cette fois le jour avec la nuit qui suit, d'un matin, par exemple, à l'autre matin, forme toujours la même durée : c'est le temps que la terre met à faire un tour entier. Une heure est la vingt-quatrième partie d'un jour : donc dans une heure la terre fait la vingt-quatrième partie d'un tour complet. Or si nous imaginons 360 méridiens espacés de degré en degré autour de la terre, dans la durée d'une heure la vingt-quatrième partie des 360 méridiens, c'est-à-dire 15 méridiens auront passé devant le soleil. Un lieu ayant *midi*, il faut une heure pour que le quinzième méridien à partir de celui-là arrive à son tour devant le soleil. Autrement : pour une différence de temps d'une heure entre deux pays, il faut compter 15 de ces degrés qu'on appelle degrés de *longitude*. Autant de fois 15 *degrés de longitude* entre le méridien qui passe par un certain lieu, et celui qui passe par Paris, autant d'heures de différence entre le temps de ce pays et le temps de Paris. Ce sera des *heures d'avance*, si ce pays est situé à l'orient de Paris, et passe avant nous en face du soleil; ce sera des *heures de retard* s'il s'agit d'un pays situé à l'occident de Paris, et qui n'aura midi qu'après nous.

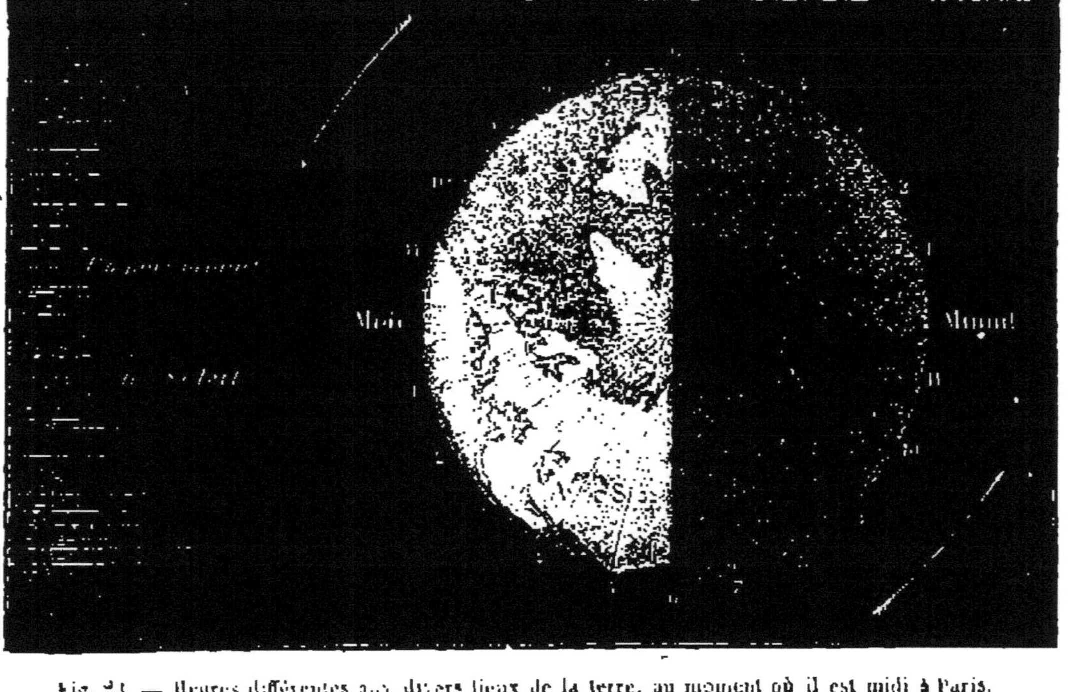

Fig. 23. — Heures différentes aux divers lieux de la terre, au moment où il est midi à Paris.

Vous voyez cette figure qui représente la terre supposée vue par son pôle (nord) avec des méridiens espacés de 15 en 15 degrés : à chacun correspond une différence d'une heure. Nous supposons dans cette figure qu'il est midi à Paris : vous voyez tout de suite l'heure qu'il est dans les divers pays marqués sur cette sorte de carte géographique. Si vous voulez savoir quelle heure il sera en tel lieu pour une autre heure de Paris, c'est un petit calcul très-simple que vous ferez vous-mêmes.

Arrêtons-nous un instant à considérer les conséquences de ce que nous venons d'apprendre : elles sont bien curieuses. N'est-ce pas vraiment intéressant de penser, par exemple, que tandis que vous êtes là, en classe, en plein jour, en d'autres pays de la terre on est couché, on dort, on rêve? — Et que les habitants de ces pays-là, tandis que nous nous reposons, s'évertuent à travailler? — Tenez, suivez sur votre globe : nous allons faire un *voyage pittoresque*, le tour de la terre en quelques minutes — en imagination, bien entendu.

Supposons qu'il soit, chez nous, presque midi. A l'école la classe finit; l'heure va sonner. Pour les peuples de *l'est*, qui ont eu midi avant nous, la journée est plus avancée. Ainsi, en Égypte, vers le trentième degré de longitude *orientale* (deux fois quinze degrés) il est déjà deux heures de l'après-midi; tandis que dans le pays des *Tartares*, à soixante degrés (quatre fois quinze), il est quatre heures, et l'on prépare le repas du soir.

Dans l'Inde, aux bouches du grand fleuve du Gange, il est six heures (quatre-vingt-dix degrés, six fois quinze). Le soleil se couche ; ses derniers rayons éclairent la cime des grands arbres. Du fond des Jungles (forêts) les bêtes féroces rugissent au coucher du soleil ; les éléphants viennent boire au fleuve. Plus loin (cherchez le cent vingtième degré), nous sommes en Chine, à Pékin. Il est plus de huit heures du soir; une capitale de 2 millions d'hommes s'éclaire; mille lanternes de couleur circulent dans les rues. Plus loin encore, au même moment, la nuit noire s'étend sur l'Océan, et sur les îles où dorment les sauvages dans leurs cases misérables. Sur la mer, ça et là dans l'ombre immense, de petits fanaux allumés glissent : ce sont des navires qui traversent ces océans lointains. Le timonier veille; il regarde les étoiles et dit : *il est minuit!* — cent quatre-vingtième degré (douze fois quinze).

Mais à ce moment-là même où nous nous réchauffons, nous, au soleil ardent du milieu du jour, le grand continent de l'Amérique, situé à *l'occident* de nous, n'est pas encore arrivé en face du soleil ; il commence seulement à entrer dans l'espace éclairé. Pour ses habitants, c'est le matin. Le mineur de la Californie voit à peine les premières lueurs de l'aube (cent cinq degrés de longitude *occidentale*). Mais déjà sur les bords du Mississipi, le soleil est levé; aux Antilles, il fait grand jour; dans les grandes villes des États-Unis, ouvriers et commerçants déjà sont au travail, aux affaires (soixante degrés, sept heures du matin). Dans l'Amérique du Sud, plus avancée vers l'orient, au Brésil, par exemple, il est huit heures du matin. Au beau milieu de l'Atlantique nous pourrions rencontrer des navires qui voyagent entre l'ancien monde et le nouveau; ils comptent, à quarante-cinq degrés, neuf heures; à trente degrés, dix heures du matin. Ceux qui vont rentrer en France, revoir leur patrie, calculent avec plaisir que l'heure, de plus en plus rapprochée de celle que l'on compte à Paris, leur signale le voisinage des côtes françaises (quinze degrés) : une heure avant midi, onze heures du matin; c'est l'heure que l'on compte en Portugal. Enfin nous voici de retour en Europe, en France, chez nous où, — comme notre voyage imaginaire n'a duré que quelques instants, — nous entendons de toutes parts les horloges sonner midi.

CINQUIÈME LEÇON

LA TERRE TOURNE AUTOUR DU SOLEIL

Apparences produites par le mouvement en cercle.—Imaginez, dans la plaine, une belle et vaste prairie : au loin, les arbres, les peupliers qui bordent la rivière, puis les collines, les maisons des fermes, du village. Au beau milieu de la prairie est dressé un poteau. Si vous vous placez en face du poteau, vous apercevez, dans la même direction, derrière lui, les objets lointains *devant* lesquels votre poteau paraît planté ; il cache même quelques-uns de ces objets, ceux qui se trouvent précisément derrière, sur la même ligne que vous et lui (fig. 24, position n° 1).

Observez devant quelle partie du paysage nous paraît se dresser le poteau : remarquez, par exemple un arbre auquel il correspond, un peuplier qu'il cache à demi (ainsi que sur ce dessin l'arbre marqué A). Maintenant, commencez à tourner autour du poteau comme le cheval qui tourne dans le manége. Vous avez fait quelques pas à peine (n° 2). Regardez le poteau, il ne correspond plus au même point du paysage. Tout à l'heure il était devant ce peuplier (A) ; maintenant il paraît dans la direction du village ; il cache le clocher (B), et le peuplier en est déjà loin. Toujours en tournant, avancez de quelques pas encore (n° 3), il ne correspond plus au clocher, il l'a dépassé. C'est une maison, là-bas (C), qui se cache derrière. Ne dirait-on pas que le poteau s'est déplacé pour venir se planter successivement en face de ces points différents? Et en effet, si vous continuez de tourner lentement tout en regardant le poteau, il vous semble le voir glisser devant les objets lointains, comme s'il passait entre vous et eux, cachant l'un puis l'autre. En sorte que si vous faites un tour entier,

Fig. 24. — Mouvement apparent et mouvement réel.

toujours en le regardant, le poteau vous aura paru passer successivement devant tous les objets qui entourent la prairie, correspondre successivement à tous les points de l'horizon, exactement *comme s'il eût tourné autour de vous*, pour venir se replacer en face de l'arbre (A) qu'il cachait tout d'abord, quand vous-même serez revenu au point de départ (n° 1).

Le poteau vous paraît tourner autour de vous, justement parce qu'il correspond successivement avec divers points du contour de l'horizon. Mais c'est là encore une *illusion du mouvement;* et c'est au contraire vous qui tournez, qui *décrivez un cercle* autour de lui. Le poteau n'a que l'*apparence du mouvement ;* dans le fait, il est immobile, et c'est vous qui avez le mouvement réel.

Mouvement annuel apparent du soleil. — Or il y a dans le ciel, dans l'espace, *des objets lointains* faciles à reconnaître... les étoiles ! Eh bien, on a remarqué que le soleil paraît passer successivement devant certaines étoiles. Un jour, par exemple, il était dans la direction d'une étoile remarquable. Le lendemain, les jours suivants, il ne correspond plus à cette étoile, il semble s'en éloigner de plus en plus. Il correspond à une autre étoile, et par conséquent à un autre point du ciel. Et ainsi de suite, toujours dans le même sens, il paraît *marcher.* En sorte qu'au bout d'un an, après avoir semblé passer d'étoile en étoile, *en faisant le tour du ciel,* il est revenu à la première. On croirait donc, à première vue, que le soleil tourne en effet autour de la terre, achevant son tour en un an. On le crut aussi, autrefois. Mais ce n'est là qu'un *mouvement apparent,* comme celui du poteau dans la prairie. En réalité, c'est *encore la terre qui tourne,* qui décrit, en un an, un grand cercle dans l'espace autour du soleil.

Mouvement annuel de la terre. — Représentons-nous ce mouvement par une figure (fig. 25).

Le soleil est marqué au point S ; autour, un cercle indique le chemin que la terre T décrit dans l'espace. Au delà, figurons des étoiles. Quand la terre est au point marqué 1, par exemple, le soleil se trouve dans la direction de l'étoile A. La terre avançant dans le sens marqué par la pointe de la petite flèche, arrive au point 2 : le soleil ne se trouvera plus paraître en face de l'étoile A, mais sur la ligne de l'étoile B. Quand la terre sera au n° 3, le soleil paraîtra correspondre à l'étoile C. En sorte qu'à mesure que la terre avance dans son cercle, le soleil, lui, paraît reculer d'étoile en étoile. Le *mouvement apparent* est celui du soleil; la terre a le mouvement réel. C'est elle qui *avance :* le soleil semble *reculer.*

Si maintenant vous me demandiez comment on peut savoir à quelle étoile correspond le soleil, puisque le jour,

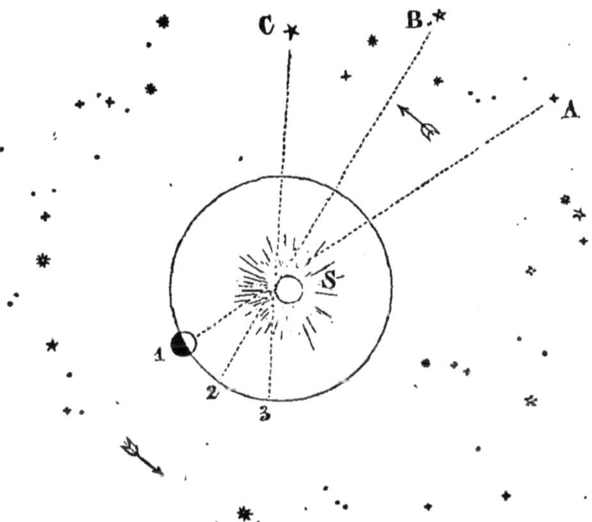

Fig. 25. — Mouvement réel de la terre et mouvement apparent du soleil.

quand le soleil est visible, on ne peut voir les étoiles, effacées qu'elles sont par sa clarté, — je vous dirais qu'on observe en réalité les étoiles quand le soleil est couché; mais en calculant de combien le soleil est descendu au-dessous de l'horizon, on peut savoir à quelle étoile il correspondait pendant le jour.

Est-on bien sûr que c'est la terre qui tourne ainsi en cercle autour du soleil ? Oui, on en a la certitude. Il y a des preuves *certaines*, que vous ne comprendriez pas maintenant peut-être, mais dont nous parlerons plus tard. Bientôt aussi vous saurez que la terre n'est pas le seul globe qui tourne ainsi : vous verrez qu'il existe d'autres globes semblables à elle, que l'on voit tourner de même autour du soleil. Et alors vous comprendrez que ce qu'il y aurait d'étonnant, d'extraordinaire, c'est que les autres globes semblables à elle décrivant *tous* des cercles autour du soleil, *la terre seule*, par exception, fût immobile dans l'espace.

« Mais objecterez-vous encore peut-être, vous avez dit que la terre tournait *sur elle-même ;* maintenant la voilà qui tourne *autour du soleil...* » — Eh bien, sans doute ! L'un n'empêche pas l'autre. Voyez une toupie lancée : elle pirouette rapidement, et en même temps elle décrit lentement de grands ronds sur le sol. Elle a les *deux mouvements à la fois.* La terre de même. Elle tourne sur son axe, tout en voyageant à travers le ciel et faisant son chemin en rond. Elle fait un tour sur elle-même en *un jour;* en *un an* elle achève son mouvement de *révolution* autour du soleil. Cela veut dire, — comme une année a 365 jours — que tandis qu'elle parcourt son grand rond, elle a le temps de faire 365 pirouettes.

La grande courbe que nous imaginons dans l'espace pour marquer le chemin que suit la terre tournant autour du soleil est appelé l'*orbite* de la terre. Cette orbite, ce chemin, n'est pas tout à fait un cercle. C'est une *ellipse*, c'est-à-dire une sorte d'ovale, allongé dans un sens, plus rétréci dans l'autre. Mais l'ellipse que suit la terre est très-peu allongée, en sorte qu'elle diffère très-peu d'un vrai cercle. De plus, le soleil n'est pas tout à fait au *centre*, juste au *milieu* de cette courbe immense ; mais un peu plus près d'un côté que de l'autre.

Et maintenant voulez-vous avoir une idée du chemin que fait la terre?

Sachez d'abord que notre globe est à 37 millions de lieues du soleil (distance figurée de S en T sur le dessin). —Distance énorme, mes enfants, immense; vous le comprendrez mieux encore quand nous essayerons de vous en

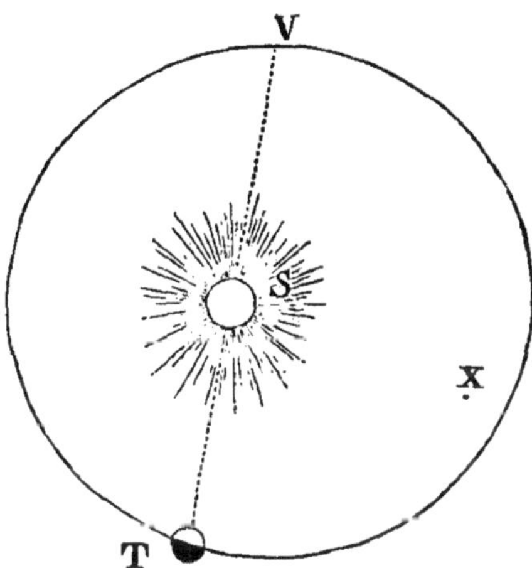

Fig. 26. — Orbite de la terre. T, terre; S, soleil; TV, diamètre de l'orbite; TS, distance de la terre au soleil.

faire juger par quelques comparaisons. Le *diamètre* de l'*orbite*, c'est-à-dire sa mesure de travers en travers, d'un côté à l'autre (de T en V), est donc le double : environ 74 millions de lieues. Et le contour de la courbe est encore *plus du triple* du diamètre : cela fait à peu près 230 000 000 de lieues. Ça ne vous dit pas grand'chose, n'est-ce pas, cette enfilade de zéros? Essayons pourtant de comprendre. — La terre parcourt cette longue route dans un an, c'est-à-dire en 365 jours; dans un jour, ce sera 365 fois moins; dans une heure, 24 fois moins que dans un jour; dans une minute, 60 fois moins que dans une heure; dans une *seconde*, 60 fois moins que dans une minute. On fait le calcul, et l'on trouve que la terre fait presque 30 000 mètres (29 450) par seconde : 1000 fois la vitesse du train de chemin de fer le plus rapide !

Voulez-vous vous en donner le spectacle ? — en imagination, bien entendu. — Imaginez donc que vous êtes placés dans l'espace, en un point près de l'orbite, c'est-à-dire près du chemin invisible où va passer la terre, comme on se met à la barrière pour voir passer le train. Plaçons-nous seulement *en dedans* de la courbe (comme au point X) pour tourner le dos au soleil, afin qu'il ne nous éblouisse pas. Devant nous, autour de nous, l'espace est noir comme la nuit : nous voyons les étoiles. La terre est loin encore ; nous l'apercevons comme une petite étoile, que nous confondrions facilement avec les autres si nous n'étions avertis. Elle brille, parce qu'elle est éclairée par le soleil, et en renvoie le reflet vers nos yeux. Mais elle paraît se mouvoir au milieu des étoiles immobiles. Peu à peu, lentement, elle s'approche, elle grandit.

Je dis *lentement*, parce qu'elle est si loin encore qu'on ne peut juger de sa vitesse : tel le *train express* le plus rapide paraît s'avancer lentement quand on le voit arriver dans le lointain. Puis la terre grandit, grandit : elle devient large comme la lune. Et alors, et de plus en plus vite, elle grandit encore, s'enfle comme un ballon, devient monstrueuse, immense — immense à cacher tout le ciel, — rapide cent fois plus qu'un boulet, arrivant du fond de l'espace, elle passe comme dans un vertige !.. à peine avons-nous le temps d'apercevoir ses continents, ses mers, de reconnaître que tout en glissant elle tourne... Elle est passée ; et la voilà qui déjà décroît, se rapetisse, s'éloigne, et va s'enfonçant dans la profondeur de l'espace infini.

Penser que nous aussi — vous, moi, — nous voyageons ainsi emportés par cette boule dans son mouvement effrayant, tourbillonnant et roulant à travers l'espace! N'est-ce pas à faire tourner la tête? Et pourtant j'espère bien que cette fois vous ne demanderez plus « comment il se fait que la terre soit lancée d'une telle vitesse et nous avec, puisque nous ne nous en apercevons pas, nous nous sentons immobiles. »

C'est vous qui répondriez aux autres, si on vous faisait cette objection, « parce que tout ce qui nous entoure, tout objet terrestre est emporté dans le même mouvement. » Et vous rappelleriez la *voiture fermée*. — « Mais quand nous regardons les objets qui ne se meuvent pas avec nous, ils doivent paraître se mouvoir en sens contraire? » — « Sans doute, direz-vous alors; et c'est justement ce qui arrive quand nous regardons le soleil, qui nous paraît reculer d'étoile en étoile à mesure que la terre avance dans son orbite. »

SIXIÈME LEÇON

LES CLIMATS ET LES SAISONS

Différence des climats. — Vous savez maintenant comment, en circulant dans l'espace autour du soleil, la terre reçoit de lui la chaleur et la lumière; comment son mouvement de *rotation* sur elle-même produit l'alternative du jour et de la nuit. Mais pourquoi toutes les contrées de la terre ne sont-elles pas également échauffées par le soleil? Et pourquoi, en un même lieu, avons-nous alternativement dans le cours de l'année les chaleurs, puis les frimas; tantôt les jours longs et chauds, tantôt les jours courts et froids?

Car votre *géographie* vous a appris que tous les pays de la terre n'ont pas le même climat. Vous avez entendu parler des *pays chauds*, où le soleil est brûlant, où il n'y a point d'hiver, où toujours les arbres ont des feuilles, où mûrissent les fruits les plus doux qui ne mûrissent point sous notre ciel. Et on vous a parlé aussi de ces régions glacées où le froid est terrible, où la neige couvre presque toujours la terre, où la mer elle-même est gelée; où l'été est comme chez nous l'hiver, où presque nulle plante, nul animal ne peut vivre! Enfin vous savez qu'il y a des pays tempérés comme le nôtre, où la chaleur n'est pas aussi extrême que dans les climats brûlants, le froid jamais aussi excessif que dans les régions glacées. D'où viennent ces différences?

Origine des climats. — Encore notre lampe, notre boule traversée de son aiguille. Présentez-la comme précédemment en face de la flamme, de telle sorte que les points où l'aiguille perce la boule se trouvent à la limite de la lumière et de l'ombre. Observez maintenant que vers les bords du cercle d'ombre et de lumière, les rayons de la lampe n'arrivent qu'en rasant la surface, en fuyant, glissant le long. Au contraire, au beau milieu de l'espace éclairé, ils frappent en plein; enfin, sur les points situés entre les deux ils arrivent plus ou moins obliquement.

Or, mes enfants, là où la lumière rase seulement la surface d'un objet, où elle glisse obliquement, elle éclaire beaucoup moins vivement que là où elle frappe en plein. Vous pouvez déjà le reconnaître sur votre boule : les bords du côté lumineux, vers la limite de l'ombre, sont beaucoup moins vivement éclairés que le milieu. — Il en est de même pour la chaleur.

Faites maintenant tourner doucement votre boule sur son axe dans cette position. Vous reconnaîtrez alors que les points situés vers l'*équateur* de votre boule (à égale distance des deux pôles) traversent l'espace éclairé à l'endroit de la plus vive lumière, et sont, au moment de leur passage, éclairés d'aplomb par les rayons de la lampe. Les points situés près de l'aiguille, au contraire, ne traversent que les bords de l'espace éclairé, et ne reçoivent jamais la lumière que très-obliquement, les rayons rasant presque la surface en ces endroits.

Représentons-nous maintenant notre globe tournant en face du soleil dans une semblable position. Tous les points de sa surface, successivement, en tournant, viennent se présenter au soleil, s'échauffer et s'éclairer à ses rayons : mais non pas tous également. Les points situés en face du soleil reçoivent d'aplomb ses rayons, qui illuminent et échauffent fortement le sol et l'air. Vers les deux pôles, au contraire, ils n'arrivent que très-obliquement en rasant la surface. Or vous avez déjà remarqué que le matin, au lever du soleil, ou le soir, à son coucher, quand ses rayons rasent presque le sol, le jour n'est pas aussi vif ni la chaleur aussi ardente qu'à midi, alors que les rayons du soleil tombent de haut, presque d'aplomb sur nos têtes. En tournant, tous les pays situés vers l'équateur viennent traverser l'espace le plus fortement chauffé; et tandis qu'ils le traversent, c'est-à-dire pendant le milieu du jour, ils reçoivent en plein des flots de chaleur et de lumière. Les régions voisines de l'équateur seront donc les plus chaudes de la terre. Les pays rapprochés des pôles, au contraire, ne traversent que les bords de l'espace éclairé, et pendant tout leur passage ne reçoivent que très-obliquement, très-faiblement la lumière et la chaleur du soleil. Nous aurons donc autour des deux pôles les pays du froid, les régions glacées. — Entre les régions ardentes de l'équateur et les régions très-froides des pôles, s'étendent de chaque côté de l'équateur, comme deux *bandes* de pays *tempérés*, où les rayons du soleil, tombant plus ou moins obliquement, donnent une chaleur moyenne. — Telle est tout d'abord la cause de ces différences de chaleur qui font *la diversité des climats.*

Obliquité de l'axe de la terre. — Si la terre tournait devant le soleil toujours et exactement dans la position que nous avons supposée jusqu'à présent, les divers pays de la terre auraient, il est vrai, des climats différents, mais en chaque lieu la température serait toujours la même. Il n'y aurait dans l'année ni temps froid ni temps chaud: en un mot, il n'y aurait pas de *saisons*. De plus, quand le cercle limite de l'ombre et de la lumière passe par les deux pôles, tous les points de la surface en tournant font exactement la moitié de leur tour dans l'ombre, l'autre moitié dans la lumière. La terre étant ainsi placée devant le soleil de manière à lui présenter toujours, tout en circulant autour de lui, son équateur juste en face, toujours chez nous et dans tous les pays il y aurait douze heures de jour et douze heures de nuit; en d'autres termes, les jours seraient toujours égaux aux nuits par toute la terre.

Mais il n'en est pas ainsi, vous le savez bien. Nous avons des saisons diverses, nous avons des jours longs en été et des jours courts en hiver. Quelle en est donc la cause?

C'est qu'en circulant autour du soleil la terre avance, non pas *droite*, mais *penchée*. — Je veux dire que son *axe* est *incliné*, oblique.

Voyez une toupie tournoyant sur le sol : à certains moments elle va penchée ; son *axe de rotation* (de la pointe à la tête) est incliné ; cela peut vous aider à imaginer la position de l'axe de la terre. Seulement la toupie se balance en pirouettant, tandis que l'axe de la terre est toujours incliné également et du même côté, c'est-à-dire vers le même point du ciel. La figure que voici vous le fera comprendre. Elle représente la terre dans plusieurs positions successives de son chemin annuel. Seulement il a fallu, soyez-en avertis, dessiner la terre beaucoup trop grosse à proportion du soleil et trop rapprochée de cet astre ; sans quoi elle eût été si petite sur le dessin que vous n'eussiez pu distinguer sa position. On a figuré, de plus, par des lignes, la direction de l'axe *supposé prolongé*, afin de mieux montrer de quel côté il penche.

Il résulte de cette direction penchée que la terre ne se présente pas toujours de même en face du soleil. Au point marqué E, par exemple, le pôle nord (*n*), celui qui est le plus rapproché de nous, se trouve penché vers le soleil; au contraire, au point H, à l'autre bout de l'orbite, le pôle nord est toujours penché du même côté; mais il se trouve alors que ce côté est *à l'opposé* de l'astre, et c'est le pôle sud (*s*) qui se montre au soleil. Sans se ba-

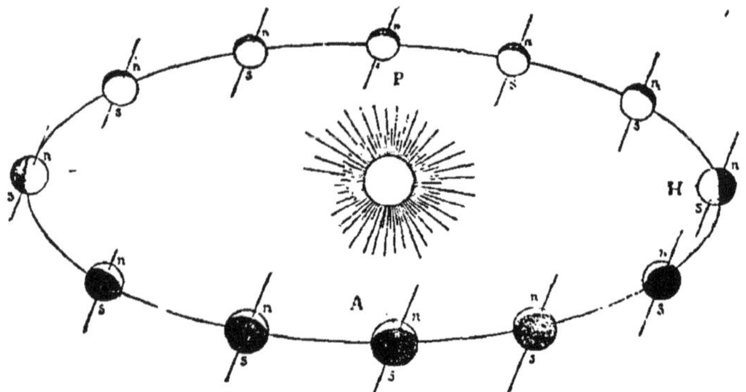

Fig. 27. — Obliquité de l'axe de la terre. Les lettres *n* et *s* indiquent le pôle nord et le pôle sud de la terre dans ses différentes positions.

lancer donc, en restant, au contraire, toujours inclinée dans la même direction, la terre, en circulant autour du soleil, se trouve présenter obliquement vers lui tantôt un pôle, tantôt l'autre. Voyons un peu en détail ce qui en résulte.

Les saisons. Inégalité des jours et des nuits. — Voyez figure 28 dessinée en plus grand la position de la terre quand elle est au point marqué E sur la figure 27. Alors elle incline vers le soleil son pôle nord. Tout l'*hémisphère nord* reçoit donc plus directement et plus largement les rayons du soleil; il s'échauffe donc davantage. De plus, le cercle d'ombre et de lumière ne passe plus par les pôles, et ne prend plus également sur les deux hémisphères. Il met dans la lumière un espace plus large dans l'hémisphère *nord*, le nôtre; un espace moindre dans l'hémisphère opposé.

Voyez maintenant un point de notre hémisphère : le point F, par exemple, qui nous marque la position de la France. Ce point, en tournant, passe encore alternativement dans l'espace sombre et dans l'espace éclairé. Mais du cercle qu'il décrit, du tour qu'il fait (vous n'en voyez que la moitié sur la figure), une bien plus grande partie

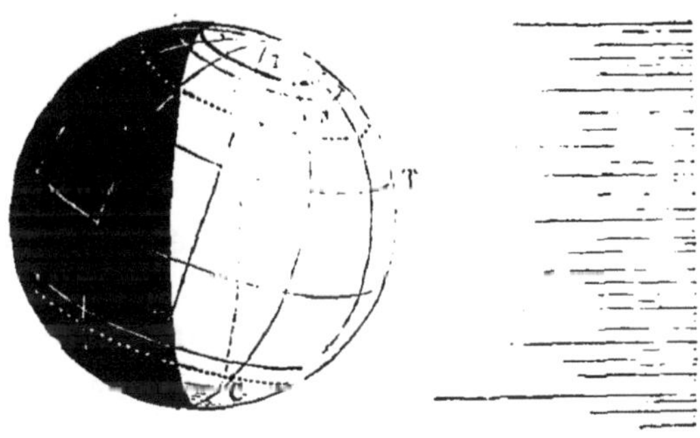

Fig. 28. — Position de la terre en face du soleil au solstice d'été.

est dans la lumière ; la plus petite partie seulement dans l'ombre. Dans cette position de la terre notre pays aura donc plus longtemps la lumière, et moins longtemps l'obscurité. Nous aurons les jours longs et les nuits courtes.

Or, le jour, c'est le temps où le sol et l'air s'échauffent à la chaleur du soleil; la nuit, le temps où ils se refroidissent. Pendant la saison des longs jours, notre pays ayant plus longtemps pour se chauffer au soleil, moins longtemps pour se refroidir, chaque jour s'échauffe davantage. Mais d'ailleurs nous avons remarqué que les rayons du soleil tombent alors moins obliquement. C'est le moment de l'année où le soleil nous paraît monter plus haut dans le ciel et verse sur nous ses rayons moins obliques et plus ardents. Pour ces deux raisons à la fois l'époque des plus longs jours est en même temps celle de la plus forte chaleur. C'est l'*été*, la *saison chaude* pour nous et pour tous les pays situés sur l'hémisphère nord.

Mais à ce moment même, pour les pays situés sur l'autre hémisphère, c'est l'effet contraire. Voyez par exemple le point C qui marque la pointe sud de l'Afrique (le Cap). Du cercle que ce point décrit en son tour journalier, la plus grande partie est dans l'ombre, la moindre dans la lumière. Ce pays aura moins longtemps la clarté, plus longtemps les ténèbres. C'est pour lui le temps des jours courts et des longues nuits. Pendant ce jour plus bref, le sol et l'air auront moins de temps pour se chauffer au soleil, le temps plus long de la nuit pour se refroidir : ils deviennent de plus en plus froids. En outre, c'est le moment où les rayons du soleil tombent plus obliquement sur cette partie de la terre, et y donnent moins de chaleur. Tandis donc que nous avons les longs jours et la chaleur, les habitants de ce pays ont les jours courts et les frimas ; tandis qu'essuyant à nos fronts la sueur, nous faisons la joyeuse moisson, la neige là-bas couvre la terre. Pour eux et pour tous les pays de l'hémisphère sud, c'est la *saison du froid*.

Mais aussi... chacun à son tour. Voici représentée (fig. 29) la position de la terre lorsqu'elle est arrivée au point opposé de son orbite, en H (fig. 27, p. 65). L'axe est encore incliné dans le même sens, comme vous voyez, mais les rayons viennent du côté opposé. Alors c'est le pôle sud qui s'incline vers le soleil, s'échauffe davantage. Les points de cet hémisphère sont plus longtemps dans l'espace éclairé que dans l'espace sombre : ils ont les longs jours. Et alors le pôle nord, lui, incline du côté du froid et de la nuit, à l'opposé du soleil. Le point F, la France, a la plus grande partie de son tour dans l'ombre; nous avons les jours courts. Le soleil semble s'élever moins haut dans le ciel, nous envoie ses rayons plus oblique-

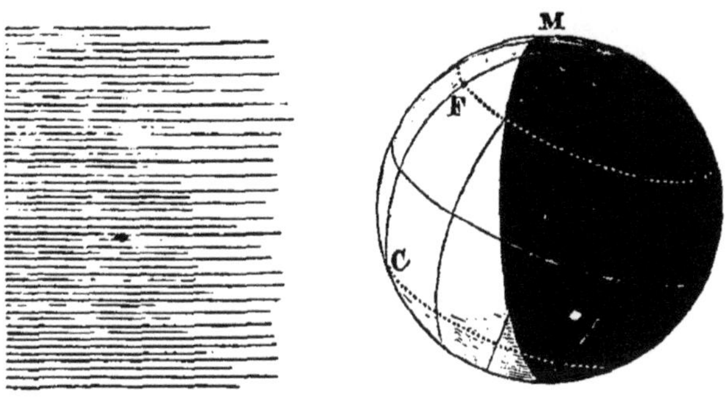

Fig. 29. — Position de la terre en face du soleil au solstice d'hiver.

ment; et le sol, l'air se refroidissent pendant la longue durée des nuits. C'est l'*hiver*, la saison triste et glacée... pour nous, car les habitants de l'autre hémisphère sont alors au temps de la chaleur et des beaux jours.

Entre ces positions extrêmes de la terre aux deux points opposés de son orbite, il y a, naturellement, des positions *intermédiaires;* la terre passe de l'une à l'autre graduellement. Ainsi, au point marqué P (fig. 27, p. 65) de son orbite, la terre, avec son axe incliné toujours de même, se trouve pourtant placée de telle sorte que le cercle d'ombre et de lumière passe exactement par les deux pôles; et le soleil se trouve exactement en face de l'équateur. A ce moment de l'année il arrivera donc, comme nous l'avons expliqué, que les jours seront égaux aux nuits par toute la terre, et que la température sera, *pour nous*, moins chaude que l'*été* qui va venir, plus chaude que l'*hiver* déjà passé : c'est-à-dire qu'alors nous avons le *printemps*, la gaie saison des fleurs en nos pays.

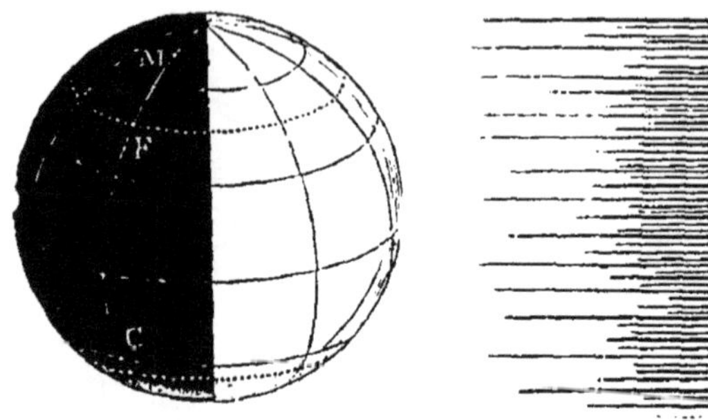

Fig. 30. — Position de la terre en face du soleil à l'équinoxe de printemps. Les points M, F, C et tous les points de la terre passent un temps égal dans l'ombre et dans la lumière.

Au point opposé, en A (fig. 27, p. 65), le cercle d'ombre et de lumière passant encore par les pôles, même

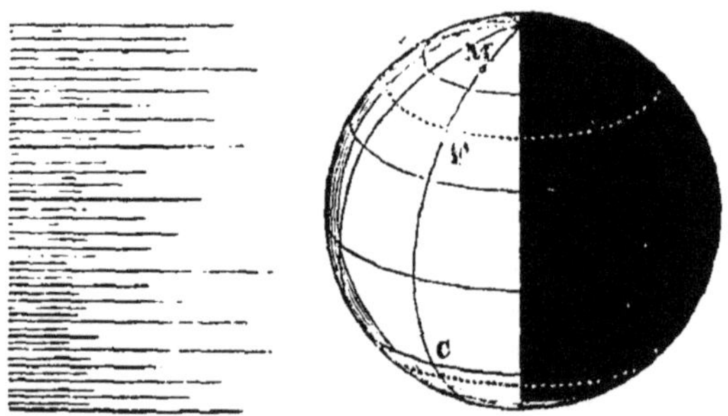

Fig. 31 — Position de la terre en face du soleil à l'équinoxe d'automne. Les points M, F, C et tous les points de la terre passent un temps égal dans l'ombre et dans la lumière.

égalité des jours et des nuits; même douceur de température; seulement, alors, la terre marche vers le point d'hiver. C'est l'*automne*, pour nous la saison des fruits et des vendanges. Enfin, comme la terre passe graduellement de l'une de ces quatre positions à l'autre, il est bien évident que de l'hiver à l'été nos jours iront augmentant insensiblement, et insensiblement décroissant de l'été à l'hiver : l'inverse a lieu pour l'autre hémisphère.

SEPTIÈME LEÇON

CERCLES ET ZONES TERRESTRES

Équinoxes et solstices. — Tropiques. — Pour mieux se rendre compte de ces effets, afin de pouvoir les calculer exactement, il a fallu observer avec beaucoup de soin ces positions de la terre. Revenons encore un instant à la figure qui nous représente notre pôle *boréal* (le pôle nord) incliné vers le soleil (1). — Quel est le point où les rayons du soleil tombent exactement d'aplomb sur la surface du globe, en cette position? C'est le point T (sur la ligne qui va du centre de la terre droit vers le soleil). Imaginons un cercle tracé par ce point, *parallèle* à l'équateur (c'est-à-dire partout à même distance de l'équateur). Tous les points de ce cercle, dans le temps d'un tour complet, vont passer successivement sous ce rayon de soleil qui darde d'aplomb sur le globe. Ce jour-là donc les habitants des lieux situés sur ce cercle verront, successivement, chacun à l'heure de son midi, l'astre *verticalement* au-dessus de leur tête. C'est le jour où pour nous le soleil, qui chaque jour paraissait s'élever dans le ciel un peu plus haut que la veille, semble *s'arrêter*, je veux dire cesser de monter davantage. Cette position de la terre est appelée le *solstice d'été;* le mot *solstice* signifiant *arrêt du soleil.* Le jour où la terre y arrive est donc le jour du

(1) Fig. 28, p. 66.

solstice d'été; c'est le 21 juin, le jour *le plus long de l'année*, pour nous et pour tous les habitants de l'*hémisphère boréal*. Le *cercle parallèle* en face duquel le soleil se trouve à ce moment est appelé le *tropique*, c'est-à-dire *cercle du retour* (tropique boréal).

En effet, dès le lendemain, le soleil paraît n'atteindre dans le ciel, à midi, qu'une hauteur un peu moindre : et chaque jour désormais il descend comme d'une marche. Les jours aussi, à partir de ce moment, décroissent pour nous. Quand la terre a parcouru environ le *quart* de son orbite, trois mois après, *le* 21 *septembre*, elle présente exactement, avons-nous dit, son équateur aux rayons perpendiculaires du soleil. Ce jour-là tous les points de l'équateur successivement, chacun à l'heure de son midi, ont le soleil dans la direction verticale; ce jour est, par toute la terre, égal à la nuit suivante : le soleil partout se lève à six heures du matin, se couche à six heures du soir. Voilà pourquoi cette position de la terre est appelée *équinoxe*, c'est-à-dire *égalité de la nuit* (au jour).

Le 21 septembre est le jour de l'*équinoxe d'automne*. A partir de ce moment le soleil continue de paraître descendre, les jours de diminuer : voici l'hiver. Le moment où la terre occupe la position exactement opposée au *solstice d'été* s'appellera, pour une raison toute semblable, *solstice d'hiver*. Les points qui ont ce jour-là le *soleil vertical* à midi forment de même un cercle parallèle à l'équateur, dans l'*hémisphère sud*, et ce cercle, nous l'appellerons le *tropique austral*. C'est *le* 21 *décembre* que la terre arrive dans cette position; c'est pour nous le jour le plus court de l'année. Dès le lendemain, le soleil commence son *retour*, c'est-à-dire semble de jour en jour remonter dans le ciel; et les jours se reprennent à croître. Enfin trois mois après, *le* 21 *mars*, la terre est en face du lieu qu'elle occupait à l'*équinoxe d'automne*; le soleil se trouve ce jour-là passer, dans le temps d'un tour entier, verticalement au-dessus de tous les points de l'équateur; le jour est égal à la nuit suivante par toute la terre : c'est l'équinoxe du printemps.

Équateur. —Faisons encore une remarque importante. Quelle que soit la position de la terre devant le soleil, qu'elle incline vers lui l'un ou l'autre de ses pôles, *toujours* le cercle limite de l'ombre et de la lumière coupe l'*équateur* en deux parties égales. Il suit de là que les pays situés le long de cette ligne font toujours exactement la moitié de leur tour *diurne* dans l'ombre, l'autre dans la lumière : c'est-à-dire que toute l'année ils ont *les jours égaux aux nuits.* De là le nom de cercle *équateur*, qui justement veut dire cercle d'égalité (voir fig. 32, p. 74).

Durée du plus long jour aux diverses latitudes. — A mesure qu'on s'éloigne de l'équateur pour se rapprocher des pôles, la différence du jour le plus long de l'année au jour le plus court va en augmentant. Chez nous, par exemple, le plus long jour d'été a 16 heures environ (de 4 heures du matin à 8 heures du soir) ; le plus court jour d'hiver n'en a que 8 (de 8 heures du matin à 4 heures du soir), la différence est du double. En Écosse, plus près du pôle, la différence sera encore plus grande; le jour le plus long y est de 18 heures, le plus court de 6 seulement. Mais au delà? aux environs du pôle? Ah! là, il se produit un effet si curieux, si extraordinaire, qu'il faut absolument vous l'expliquer.

Longs jours et longues nuits polaires. — Remarquez d'abord que le jour du solstice d'été, le bord du cercle d'ombre et de lumière laisse complétement libre un grand espace autour du pôle (voir fig. 32). Marquons sur le globe la ligne des points qui, en passant, rasent seulement le bord de l'ombre : ce sera un cercle parallèle à l'équateur (mais beaucoup plus petit) que nous appellerons le *cercle polaire*, parce qu'il entoure le pôle. Aucun des points de cet espace qui environne le pôle n'entrera donc ce jour-là dans l'ombre, en faisant son tour : et pour eux *il n'y aura pas de nuit du tout.*

Prenons maintenant pour exemple un point M situé à moitié chemin à peu près entre le bord du cercle polaire et

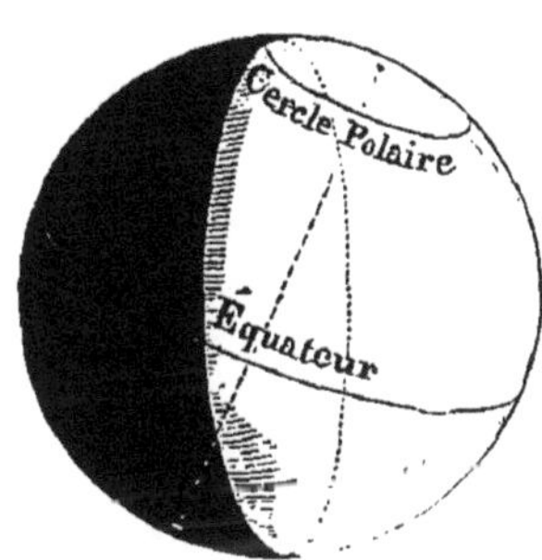

Fig. 32. — Le Cercle polaire et l'équateur.

le pôle (fig. 28). Ce point qui tourne en ce moment toujours en restant dans la lumière, a des jours et des jours de suite *sans nuit aucune*. Quand aura-t-il la nuit ? Quand le bord de l'ombre qui peu à peu s'avance (la terre changeant de position) viendra le toucher, puis le recouvrir à son passage. A partir de ce moment il passera dans l'ombre à chaque tour ; il aura des jours et des nuits, des nuits de plus en plus longues. Mais voilà que l'ombre atteint le pôle : c'est l'équinoxe ; puis bientôt, envahissant toujours, elle recouvre de plus en plus l'espace qui l'environne. Enfin au solstice d'hiver (voir fig. 29), elle le recouvre complétement. Et alors ce point et tous les points situés entre le cercle polaire et le pôle tournent dans l'ombre, sans plus traverser la lumière. Plus de jour... des semaines, des mois entiers dans la nuit.

Au point juste du pôle, il y a six mois de jour et six

mois de nuit : puisque depuis l'équinoxe de printemps jusqu'à l'équinoxe d'automne le pôle est toujours éclairé, et l'autre moitié de l'année toujours dans l'ombre. — Mais personne ne demeure là !

Du moins on s'en est approché. Figurez-vous une de ces étranges contrées, en dedans du *cercle polaire :* le *Groënland*, par exemple (voyez sur votre sphère). — Pendant des mois entiers le voyageur qui y relâche ne voit pas coucher le soleil. L'astre s'élève seulement un peu dans le ciel et en fait le tour entier à une faible distance au-dessus de l'horizon sans descendre au-dessous. A l'heure où vous dormez tous, on voit, rasant presque la mer, le disque du soleil, brillant d'une lumière vive et perçante, mais blanche et froide comme la clarté de la lune : c'est le *soleil de minuit.*

Pendant ce jour prolongé les rayons du soleil sont toujours très-obliques et n'envoient qu'une faible chaleur. Pourtant, peu à peu les neiges d'hiver fondent; quelques herbes, quelques buissons rampants verdoient sur le sol délivré. — Mais voilà qu'un jour le soleil, au point le plus bas de sa course, paraît raser l'horizon, puis se relever obliquement. Dès le lendemain il s'enfonce un peu, et désormais toujours davantage. Il y a une courte nuit, qui augmente chaque jour. Puis la nuit devient égale au jour (équinoxe). Mais alors la lumière de l'astre rase très-obliquement la terre; la chaleur faiblit, le froid revient. Et toujours les nuits vont en augmentant, les jours sont de plus en plus courts.

Enfin un jour le soleil ne fait plus que montrer le bord de son disque au-dessus de l'horizon pendant quelques instants : puis il replonge... Le lendemain il ne revient plus. — A l'heure de midi, vers le sud, on voit seulement s'étendre une lueur pâle comme s'il allait apparaître : mais il ne se montre pas; la lueur s'efface, la nuit redevient obscure. C'est la grande nuit d'hiver, qui dure plusieurs mois! Figurez-vous, si vous le pouvez, cette longue, triste nuit, qui semble ne devoir jamais finir! A midi même, sur votre tête, le ciel est noir, les étoiles brillent. Le froid est devenu terrible, presque mortel. La neige tombe, tombe, s'accumule; tout est glacé, les rivières, les lacs, la mer elle-même. Hélas! quand donc reverrons-nous le soleil! — Seulement au printemps prochain.

Au pôle opposé de la terre, le *cercle polaire austral* marque de même la limite des longues nuits et des régions glacées. Seulement les saisons y sont *inverses*, vous savez pourquoi.

Zones. — La large bande de terre qui s'étend des deux

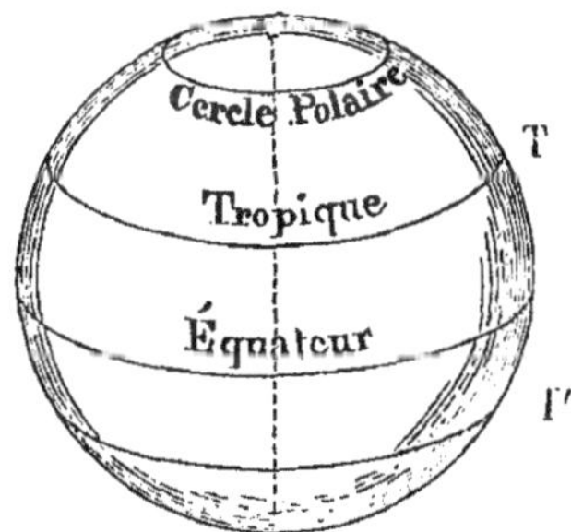

Fig. 33. — Cercles et zones. Le cercle T' est le tropique de l'hémisphère sud : le cercle polaire du sud n'est pas visible dans cette position de la sphère, inclinée pour nous montrer le pôle nord.

côtés de l'équateur entre les deux *tropiques*, formant autour du globe comme une ceinture, comprend les pays les plus chauds; elle se nomme la *zone torride* ou brûlante. *Zone* signifie ceinture. Entre le *tropique* et le cercle polaire, dans chaque hémisphère, s'étendent les deux *zones tempérées;* autour des deux pôles les deux *zones glaciales*. Bien entendu que la différence des climats n'est pas nettement tranchée par les *cercles* que nous avons imaginés : ainsi dans la *zone tempérée* les pays les plus voisins des tropiques ont un climat plus chaud; les régions qui se rapprochent davantage du cercle polaire ont un climat plus rigoureux. — Notre belle France est située vers le milieu de la zone *tempérée*, dans la région qui n'est ni trop froide ni trop brûlante, la plus favorable au *travail* et à la *civilisation*. A nous tous de tirer parti de cette situation avantageuse pour faire, par l'instruction, le travail et la vertu, de la France notre patrie le pays le plus florissant, le plus digne de servir d'exemple aux autres.

HUITIÈME LEÇON

LE SOLEIL

Aspect du soleil à l'œil nu. — Par un beau jour, le soleil est si éblouissant que vous ne pouvez le regarder en face; mais parfois, quand le ciel est couvert de brouillards, ou bien encore quand l'astre, à son coucher, semble s'enfoncer dans les vapeurs du soir, son éclat étant affaibli, nous pouvons le regarder sans crainte. On dirait un cercle de feu. C'est cette *apparence de cercle* que l'on appelle le *disque* du soleil. A première vue, on pourrait s'imaginer que le soleil est en effet *rond* et *plat*, à la manière d'une galette, d'une pièce de monnaie. Mais ce n'est là qu'une *apparence;* en réalité le soleil a la forme d'une sphère — comme la terre.

Mais quelle sphère ! — Quel globe immense, quelle effroyable boule de feu ! — Pourtant, à nos yeux, le soleil ne paraît pas très-grand, direz-vous. Son disque nous semble seulement à peu près aussi large que celui de la pleine lune. Si le globe du soleil est énorme, pourquoi donc ne paraît-il pas tenir plus d'espace dans le ciel? — C'est qu'il est très-loin de nous !

Dimension apparente d'un objet lointain. —N'avez-vous pas remarqué combien tout objet lointain paraît rapetissé par la distance ? Ce livre, par exemple, que vous tenez dans la main, vous paraît avoir une certaine grosseur :

s'il était seulement à cent pas de vous, il ne vous ferait plus l'effet que d'un petit point blanc sur le sol ; à un demi-kilomètre, vous ne pourriez même plus l'apercevoir. — Un homme que vous voyez marcher au loin sur la route, vous semble comme une fourmi ; la flèche du clocher, à la distance d'une lieue, vous paraît comme une aiguille. Une montagne même, à l'horizon, a l'apparence d'une simple motte de terre, et il vous semble que vous pourriez l'enjamber en trois pas... si vous étiez au pied, si vous tentiez de la gravir surtout, alors vous auriez une juste idée de sa hauteur et de sa masse. — Et ainsi de toute chose lointaine : plus un objet est éloigné, plus ses *dimensions apparentes* sont petites.

Distance du soleil à la terre. — Eh bien! d'ici au soleil, il y a une distance immense, effrayante : il y a 37 millions de lieues. — En faisant son grand voyage d'un an autour du soleil, notre terre, avons-nous dit, se tient toujours *à peu près* à cette distance, tantôt se rapprochant un peu, tantôt s'éloignant un peu plus. — 37 millions de lieues ! *mille fois mille lieues recommencées trente-sept fois!* Vous en faites vous une idée? Mais quoi, une distance de mille lieues seulement, c'est déjà quelque chose qui dépasse votre imagination. Ces gros nombres-là ne vous disent pas grand'chose, sinon « que c'est très-loin, très-loin... »

Essayons plutôt de nous rendre compte le mieux possible de cette distance énorme par le moyen de quelques suppositions. Imaginons, par exemple, un chemin de fer allant d'ici au soleil ; un train express, lancé à toute vapeur, ne s'arrêtant ni jour ni nuit... Eh bien, il faudrait à ce train *trois cents ans* pour arriver au soleil ! S'il partait à l'instant même, dans *six siècles* les voyageurs pourraient être de retour pour nous en donner des nouvelles... Je n'ai pas besoin de vous dire que nos voyageurs sont aussi imaginaires que le voyage lui-même : on aurait le temps de vivre et de mourir dix fois en route !

Ou bien encore supposons un boulet de canon lancé vers le soleil. Un boulet franchit environ un kilomètre en deux secondes... un quart de lieue dans le temps de compter jusqu'à six. Eh bien, s'il pouvait continuer sa route sans s'arrêter ni se ralentir jamais, il lui faudrait encore neuf ans et neuf mois — presque dix ans — pour arriver au soleil ! Et maintenant, réfléchissez : pour qu'à une telle distance le soleil nous paraisse encore aussi grand qu'il semble à nos yeux, il faut qu'il soit bien grand en réalité, n'est-ce pas ?

Dimensions réelles du soleil. — En tenant compte de la distance, les savants ont pu calculer exactement les dimensions de l'astre. Le soleil a 345 000 lieues de *diamètre* : ce qui fait plus d'*un million de lieues* de tour. Plus d'un million de lieues de tour ! plus de cent fois (108 fois) le tour de notre globe, à nous, de notre terre que nous trouvons déjà si vaste ! Le *volume* du soleil est 1 million 280 mille fois plus grand que celui de la terre : en d'autres termes, il faudrait 1 280 000 terres réunies pour faire un globe gros comme le soleil. — Une comparaison encore, n'est-ce pas ? Dans un litre de blé il y a environ dix mille grains de blé de moyenne grosseur ; dans un décalitre il y en aura dix fois autant, c'est-à-dire cent mille ; et dans treize décalitres, treize fois plus encore, c'est-à-dire 1 300 000 grains de blé (un peu plus de 1 280 000). — Eh bien, imaginez, là, devant vos yeux, d'un côté *un seul* grain de blé ; de l'autre un tas de treize décalitres : et dites-vous : « Voilà la terre à proportion du soleil ! » Vous voyez, nous avions bien raison de le dire, notre pauvre petite boule n'est qu'un grain de sable en comparaison de l'énorme sphère. La grosseur de notre globe ajoutée ou retranchée au soleil, — pour parler votre langage, « une terre

» de plus ou de moins dans le soleil » — ce serait comme un grain de blé de plus ou de moins dans notre tas de treize décalitres : cela ne ferait pas grand' chose ! On ne s'en apercevrait guère !

On a de même pu calculer *le poids du soleil.* Imaginez une balance gigantesque, une balance à peser les mondes... Dans un des plateaux, le soleil. Il faudrait mettre dans l'autre 324 000 terres pour lui faire équilibre ! — Voilà pourtant l'astre que les anciens hommes se figuraient comme une petite roue de feu roulant *dans l'air*, un peu au-dessus des nuages, ou bien encore comme un char attelé de quatre chevaux... Quatre chevaux ! un globe près de 1 300 000 fois plus gros que la terre ! Mais laissons ces fables absurdes : nous ne vous avons cité de pareilles idées que pour vous faire voir où on en vient quand on veut absolument expliquer les choses de la nature *avec l'imagination*, sur l'apparence, sans avoir observé attentivement, calculé, mesuré aussi exactement que possible.

Les taches du soleil. — Aujourd'hui, avant de songer à expliquer, on *regarde*, on observe, on mesure patiemment. Les astronomes ont, avons-nous dit, pour *observer* les astres, des *lunettes*, énormes *longues-vues* qui font paraître les objets des centaines, des milliers de fois plus grands qu'ils ne nous paraissent à *l'œil nu*, c'est-à-dire à la vue simple. Quand on observe le soleil à travers un de ces instruments, on remarque tout d'abord que sa surface n'est pas partout également, uniformément lumineuse. Le plus souvent on y aperçoit des *taches :* on dirait des nuages sombres sur le beau disque radieux. Les taches sont des parties non pas obscures, mais moins lumineuses seulement, qui paraissent sombres par comparaison, au milieu de la surface éblouissante. En effet, si on s'arrange pour cacher à ses yeux le reste du disque et ne voir que la tache elle-même, on reconnaît que cet endroit de la surface est en réalité très-brillant, moins cependant que les autres parties. — Il y a des taches de toute forme

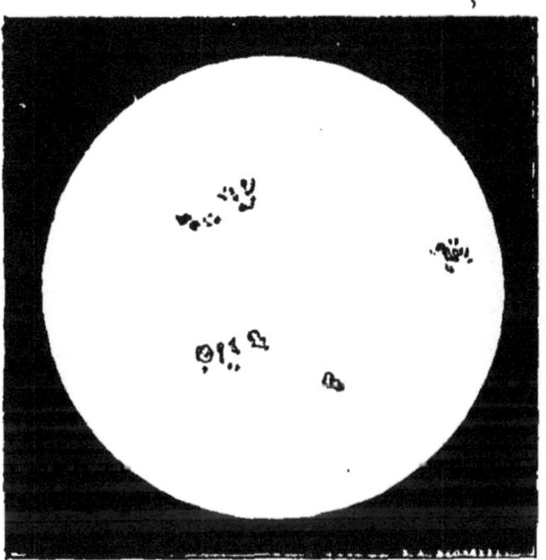

Fig. 34. — Taches du soleil.

et de toute grandeur : on en a mesuré dont l'étendue était dix fois plus grande que la surface de la terre entière ! Quelquefois on en voit beaucoup ; d'autres fois on n'en aperçoit aucune : quelques-unes sont plus sombres, d'autres plus légères. On les voit se former, s'étendre, changer de forme, puis s'effacer; les grandes taches durent assez longtemps.

Etat de la surface du soleil. — Mais puisque ces taches changent de forme, s'effacent, reparaissent, elles ne sont donc pas formées de grosses masses solides, stables au milieu de la surface du soleil, comme le sont les montagnes sur nos continents, ou les groupes d'îles au milieu de l'océan.

En outre, la surface du soleil, vue à travers les lunettes, apparaît semblable à celle d'une mer agitée. On croirait voir des vagues énormes roulant, se poursuivant, s'entre-choquant comme les flots de la mer pendant une tempête : mais ce sont des vagues de feu. Et en effet, cette surface que nous apercevons est comme une enve-

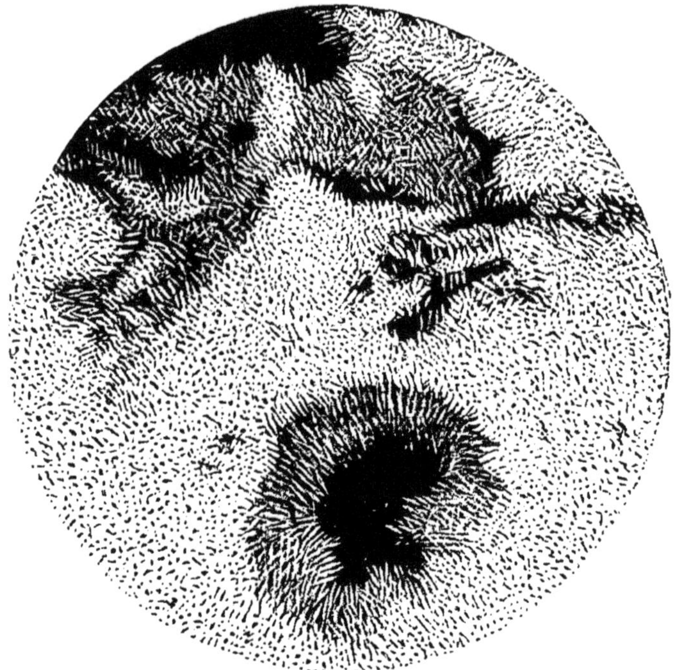

Fig. 35. — Aspect d'une partie de la surface du soleil vue au télescope, avec ses vagues et ses taches.

loppe de flammes, c'est-à-dire de *gaz* légers, *brûlants* et *lumineux*, entourant de toutes parts la masse du globe énorme, moins brillant, et probablement *liquide :* cette enveloppe, cette *atmosphère* brillante est sans cesse agitée comme une flamme chassée par le vent. Parfois d'énormes jets brûlants s'en élancent ; ailleurs, des tourbillons de vapeur, qui semblent venir du fond de cette atmosphère de feu, s'élèvent à travers la surface ardente, la crèvent, la déchirent, font comme une trouée dans la flamme. On aperçoit alors cette trouée en forme d'entonnoir dont le fond est sombre en comparaison des bords, tout éblouis-

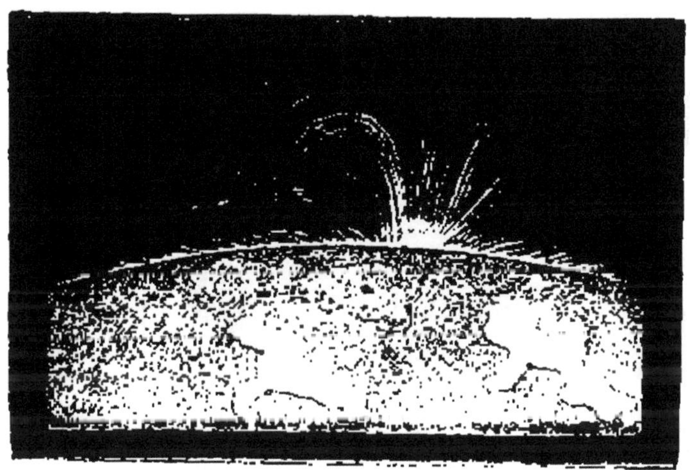

Fig. 36. — Jets de flammes à la surface du soleil.

sants de lumière : c'est là ce qui produit ces taches que nous avons observées sur le disque du soleil.

Mouvement de rotation du soleil. — Quand on observe attentivement les taches du soleil pendant plusieurs jours, on remarque qu'elles ne sont pas toujours au même endroit du disque. Elles semblent *marcher* à la surface, et *toutes dans le même sens*. Si par exemple on voit apparaître une tache vers le bord, on la verra s'avancer chaque jour vers le milieu. En sept jours environ elle y est arrivée; puis elle continue de marcher dans la même direction, et, au bout de la quinzaine, elle disparaît du *côté opposé*.

Deux semaines après, la même tache reparaîtra comme précédemment, et recommencera sa marche de même, à moins qu'elle ne soit effacée. S'il y a plusieurs taches, on les voit voyager toutes de compagnie, — comme un groupe d'îles dessiné sur un *globe terrestre* quand on fait tourner

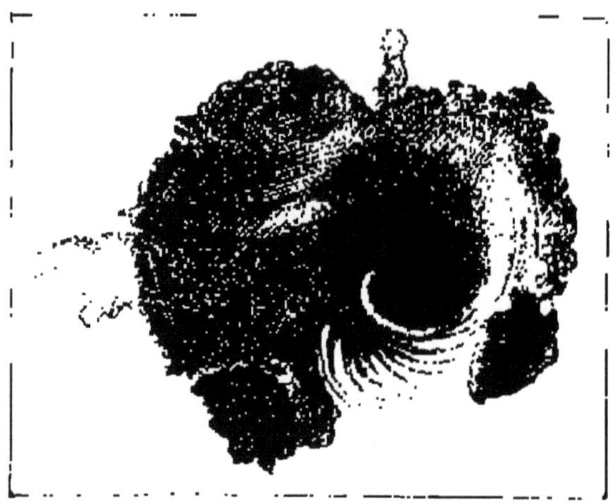

Fig. 37. — Tache du soleil en forme de tourbillon, vue au télescope.

le globe sur son *axe* en face de vous. Eh bien, cela nous fait voir que le soleil aussi *tourne sur lui-même* comme la terre : les taches tournent avec le soleil. Et pour savoir combien de temps l'astre met à faire un tour entier, il nous suffira d'observer combien de temps une tache met à revenir au même endroit, le tour étant achevé. En faisant cette observation avec tout le soin nécessaire, on reconnaît que le soleil fait un tour complet en 25 *jours et demi* environ : un peu moins d'un mois. Il tourne donc beaucoup plus lentement que la terre.

En résumant toutes ces observations dans votre esprit,

vous vous figurerez donc le soleil comme un globe immense qui tourne, isolé dans l'espace, liquide, ardent comme le fer fondu qui coule de la fournaise, et entouré d'une atmosphère de flamme violemment agitée d'une éternelle tempête. Et quelle effroyable chaleur, au milieu de cette mer de feu! une chaleur des milliers de fois plus forte que celle du plomb fondu, du cuivre, de l'argent en fusion ! Comme un boulet rouge suspendu dans l'air envoie autour de lui sa chaleur et son reflet, cette immense boule de feu lance, *rayonne* tout autour d'elle dans l'espace une immense quantité de chaleur et de lumière. En tournoyant en face d'elle, notre terre se réchauffe et s'éclaire, comme on se chauffe en face d'un brasier ardent. Mais la terre, si petite à proportion et si lointaine, ne reçoit qu'une très-faible partie de toute cette chaleur, de toute cette lumière envoyée par le soleil. Et cette petite partie, c'est assez, n'est-ce pas? Déjà, malgré la distance immense, vous trouvez l'éclat du soleil assez vif, et ses rayons assez ardents, quand ils dardent sur vos têtes, vers midi, par une belle journée d'été. — Si nous étions plus rapprochés du soleil, il nous paraîtrait plus grand; en même temps nous serions éblouis, aveuglés de sa lumière trop forte; nous serions brûlés, rôtis..... Si nous étions plus éloignés, au contraire, le disque de l'astre nous paraîtrait plus petit; nous ne verrions pas assez clair, et nous souffririons du froid. — Plus loin, plus loin encore, et il ne nous paraîtrait plus que comme une petite étoile parmi les étoiles de la nuit.

Mais que deviendrions-nous, alors, nous, habitants de la terre? que deviendrions-nous, sans le soleil ? *Le soleil est la grande source de chaleur et de lumière.* C'est lui qui nous donne le jour; sa chaleur fait évaporer les eaux des océans pour former les nuages et répandre sur la terre les pluies bienfaisantes; c'est lui qui fait germer les graines, croître les plantes, épanouir les fleurs, mûrir les fruits; c'est lui qui fond les neiges et fait reverdir au printemps prés et forêts, jaunit nos moissons en été, dore nos raisins en automme. Sans lui, nous serions plongés dans une nuit horrible, éternelle; un froid mortel nous saisirait. Tout périrait, animaux et plantes : nous-mêmes aussi, car rien ne peut vivre sans lumière et sans chaleur. Et la terre ne serait plus qu'un désert, glacé et inhabitable.

NEUVIÈME LEÇON

LA LUNE

SON MOUVEMENT ET SES PHASES

Qui n'a pris plaisir à regarder la lune, quand elle brille au ciel pur, par un beau soir ? — Tantôt c'est un croissant effilé, semblable à la lame d'une faucille; tantôt c'est un demi-cercle ; d'autrefois un beau disque radieux parfaitement arrondi. Mais voir, contempler un objet brillant et beau, ce n'est pas assez pour des êtres intelligents : il nous faut connaître, comprendre; nous voulons nous rendre compte de ce que nous voyons. Vous-mêmes, en regardant la lune, ne vous êtes-vous pas demandé « comment il se fait qu'elle change ainsi d'aspect chaque nuit?»

C'est que la lune n'est pas, comme le soleil, un flambeau ardent, un globe de flamme, une *source de lumière et de chaleur*, brillant de sa propre clarté. La lune est aussi un *globe* qui flotte, isolé, dans l'espace du ciel ; mais c'est un globe *froid*, obscur, une boule solide et massive comme la terre, mais beaucoup plus petite. La lune ne *produit* pas de lumière, comme une lampe, une bougie; elle n'a pas d'autre clarté que celle qu'elle reçoit du soleil, et qu'elle *réfléchit*, c'est-à-dire renvoie vers nos yeux. Si le soleil n'éclairait pas la lune, elle resterait parfaitement obscure : nous ne la verrions pas.

Réflexion de la lumière sur les corps opaques. — Tout objet *éclairé*, soit par une lampe, soit par le soleil, renvoie vers nos yeux une partie de la lumière qu'il reçoit; il n'y a pas besoin pour cela que cet objet soit poli comme un miroir. — Quand un rayon de soleil pénètre, par le volet entr'ouvert, dans la demi-obscurité d'une chambre close, mettez dans ce rayon une simple feuille de papier. Cette feuille de papier, recevant la lumière du soleil, en fait rejaillir une partie autour d'elle. Elle vous semble briller d'une vive clarté, et toute la chambre est éclairée de son *reflet.*

Il en est de même de la lune. Vous êtes peut-être étonnés d'entendre dire que la lune est simplement *éclairée*, comme tout autre objet qui reçoit la lumière du soleil : au milieu du ciel noir de la nuit elle paraît si éblouissante! Le soleil nous est caché alors, parce que nous sommes à ce moment du côté de l'ombre; mais la lune, elle, reçoit en plein sa lumière. Le jour, si vous apercevez la lune au ciel, vous ne la trouverez pas plus brillante qu'un petit nuage blanc qui flotte dans l'air, éclairé par le soleil ; la *lumière directe du soleil* est si forte que le *reflet* beaucoup plus faible de la lune nous paraît tout pâle à côté ; la nuit, au contraire, ce même reflet nous paraît très-vif en comparaison de l'obscurité profonde du ciel.—Ainsi la flamme d'une bougie allumée en plein jour paraît terne, fumeuse et jaunâtre: on la voit à peine; la nuit, cette même flamme nous semble brillante et claire, et la lueur qu'elle répand sur les objets nous semble assez vive.

La lune étant une *sphère*, *la moitié* seulement de sa surface (à la fois) peut être éclairée par le soleil : la moitié tournée vers lui. L'autre moitié est obscure. C'est exactement comme pour la terre. Or, la cause de ces aspects différents de la lune que nous appelons ses *phases*, c'est que tantôt nous voyons la moitié éclairée, tantôt la moitié obscure, tantôt enfin partie de l'une et partie de l'autre.

Pour bien nous rendre compte de ce curieux phénomène, reprenons encore notre lampe, notre boule que nous suspendrons pour plus de commodité à un fil et qui, cette fois nous représentera *la lune.* — La lampe avec son globe figurera, comme toujours, le soleil.

Je me mets en face de la lampe; et, tenant ma boule suspendue à un fil, au bout de mon bras tendu, un peu au-dessus de la hauteur de mon œil, je la place *entre moi*

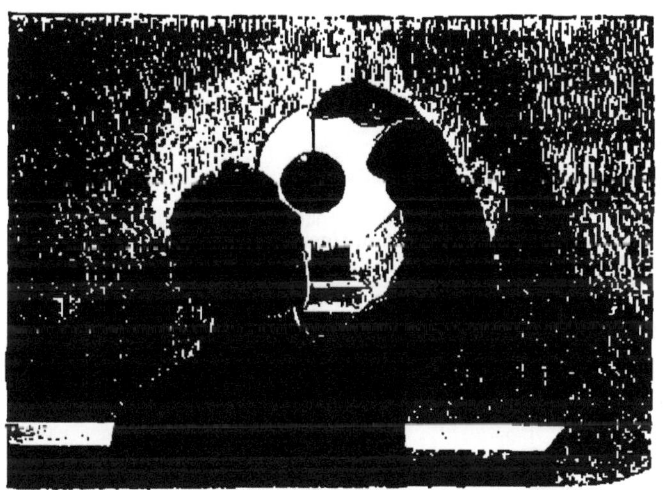

Fig. 38. — 1re position. Le côté obscur de la boule tourné vers l'observateur.

et la lampe. Dans cette position, le *côté éclairé* de la boule, qui fait face à la lampe, puis-je le voir, moi qui suis par derrière ? Évidemment non. Que vois-je donc ? le côté obscur seulement. — Mais voici que lentement, lentement, je déplace ma boule. Toujours au bout de mon bras tendu, je la porte un peu vers la gauche, la faisant doucement *tourner autour de moi.* Alors je commence à découvrir un peu du côté éclairé de la boule; le bord seulement, comme un petit *croissant* de lumière qui va grandissant à mesure que je continue le mouvement.

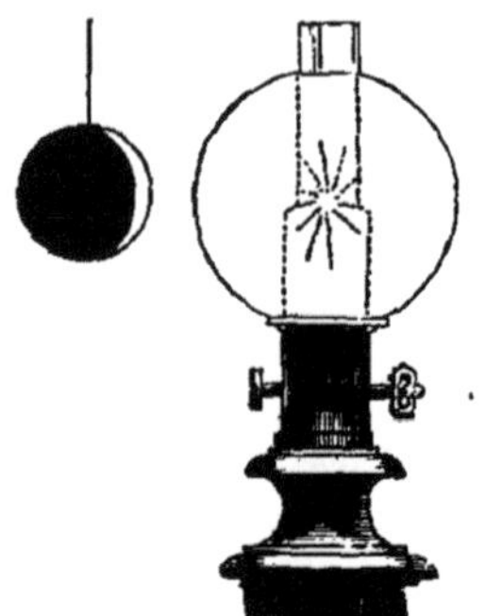

Fig. 39. — 2e position. Le bord de l'espace éclairé se montre en un croissant lumineux.

Quand ma boule a fait juste un quart de tour, elle se trouve à *angle droit* de la direction de la lampe : je veux

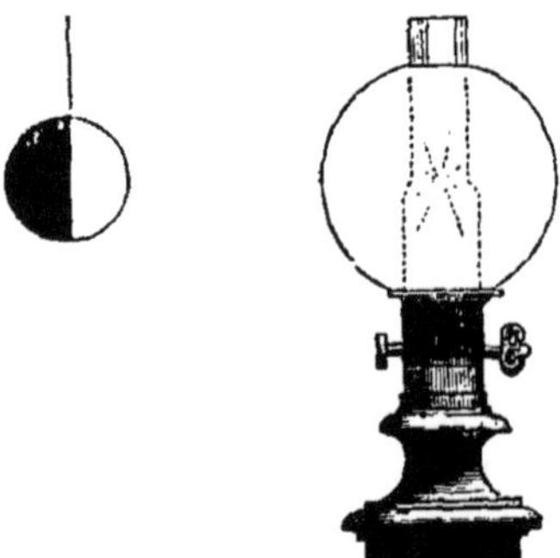

Fig. 40. — 3e position. La moitié du côté éclairé se montre à l'observateur.

dire que si j'imagine une ligne allant de la lampe à mes yeux, une autre de mes yeux à la boule, ces deux directions, ces deux lignes forment un *angle d'équerre* (comme ceux des coins d'un livre, d'une feuille de papier de votre cahier), un *angle droit*, comme disent les géomètres. Dans cette position je me trouve voir juste la moitié du côté éclairé de ma boule, et la moitié du côté obscur ; la ligne d'*ombre et de lumière* me semble couper ma boule par le milieu. Ce que je vois du côté éclairé me fait l'effet d'un demi-cercle lumineux ; ce que je vois du côté sombre me paraît un demi-cercle obscur.

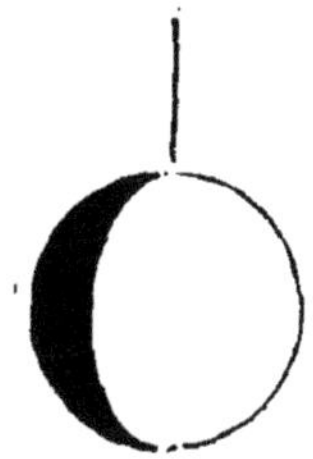

Fig. 41. — 4e position. On ne voit plus qu'une bande étroite du côté obscur.

Sans changer de place, et tournant seulement sur moi-même pour ne pas perdre de vue ma boule, j'achève peu à peu le demi-tour complet. A mesure qu'elle continue d'avancer dans le même sens, ma boule me montre de plus en plus de son côté éclairé, de moins en moins de son côté sombre ; la partie lumineuse me semble grandir, le bord de l'ombre reculer peu à peu. Enfin la voilà arrivée juste à l'opposé de la lampe. (Je la tiens un peu élevée afin que ma tête ne lui fasse pas ombre.) A ce moment je tourne le dos à la lumière ; mais je vois en plein le côté éclairé de ma boule comme un cercle parfaitement arrondi ; le côté sombre est tourné vers le fond de la chambre.

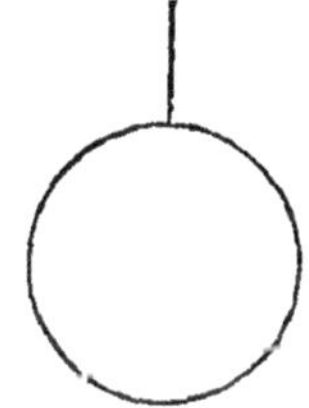

Fig. 42. — 5e position. Le côté éclairé est vu en plein.

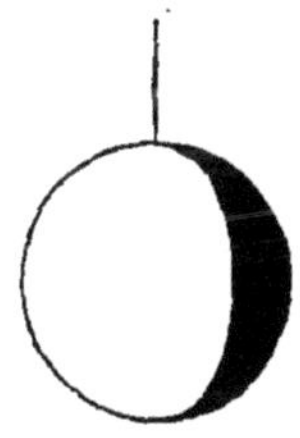

Fig. 43. — 6e position. Le côté obscur se montre en une bande étroite vers la droite.

Si maintenant je continuais de faire tourner ma boule

dans le même sens, pour achever son tour qui va la ramener vers la lampe, que verrais-je ? Les mêmes apparences que nous avons déjà observées ; mais en sens con-

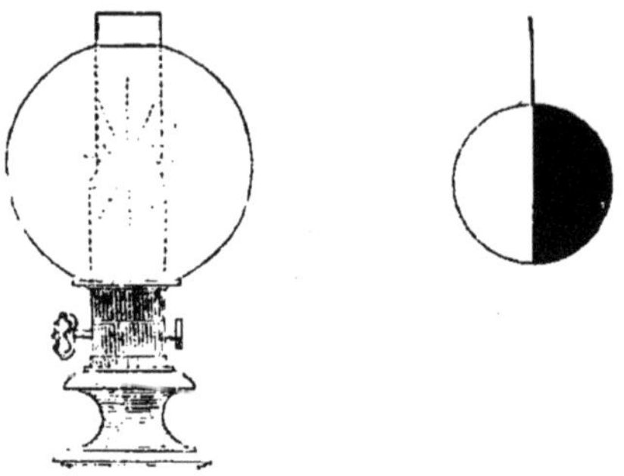

Fig. 44. — 7e position. On voit la moitié éclairée du côté gauche et la moitié obscure à droite

traire. Je verrais d'abord le côté éclairé un peu obliquement et moins complétement. Une petite partie du côté sombre se montrerait *au bord opposé* à celui où était l'ombre avant

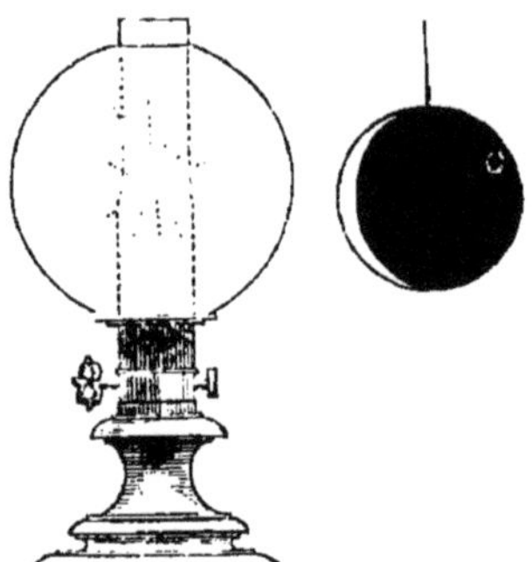

Fig. 45. — 8e position. Un croissant de lumière se montre encore à gauche.

que ma boule ne fût arrivée en *opposition* avec la lampe, tandis qu'elle ne me présentait pas encore *en plein* sa face brillante. Peu à peu l'ombre me paraîtrait avancer, la lumière reculer. Et quand ma boule sera arrivée à angle droit, à l'opposé de la situation que nous avons remarquée tout à l'heure, je ne verrai plus que la *moitié du côté éclairé* sous la forme d'un demi-cercle *lumineux;* seulement ce demi-cercle, *toujours tourné vers la lampe*, sera, par rapport à moi, le côté opposé à celui que j'avais vu éclairé tout à l'heure. C'était le côté *droit* alors; maintenant c'est le côté *gauche*. Toujours faisant tourner, tandis que la boule revient vers la lampe, le demi-cercle éclairé me paraît se creuser graduellement; l'autre s'élargit, envahit, et la lumière se retire vers le bord opposé. Bientôt la boule ne m'offre plus qu'un petit *croissant* lumineux, ou plutôt c'est un *décroissant* qu'il faudrait dire, si ce mot était usité; car au lieu de croître, cette bande de lumière s'amincit et s'effile de plus en plus, jusqu'à ce qu'elle finisse par disparaître totalement, la boule étant revenue à son point de départ, entre moi et la lampe.

Phases de la lune. Eh bien, si vous répétez cette expérience, vous aurez reproduit en petit le phénomène des PHASES DE LA LUNE. La lune, en effet, mes enfants, n'est pas immobile dans le ciel; *elle tourne autour de la terre*, comme la terre elle-même tourne autour du soleil. Et à chaque tour la lune passe entre nous et le soleil; à chaque tour elle vient se mettre dans la situation opposée.

Voici une figure qui vous représente la terre, et autour d'elle, un cercle tracé : ce cercle, c'est le chemin que suit la lune en tournant autour de notre globe. Le soleil n'est pas représenté; il est plus loin : vous voyez seulement figurés ses rayons venant (du haut de la page) éclairer la moitié de la terre et la moitié de la lune. Mais comme il s'agissait de bien vous faire comprendre toutes les apparences des phases, la lune a été représentée sur ce cercle, non pas une fois seulement, mais huit fois, dans les positions qu'elle occupe successivement. Il nous suffira de nous rappeler l'expérience de la boule pour tout comprendre sans difficulté.

Dans la position représentée au n° 1, la lune est dite en

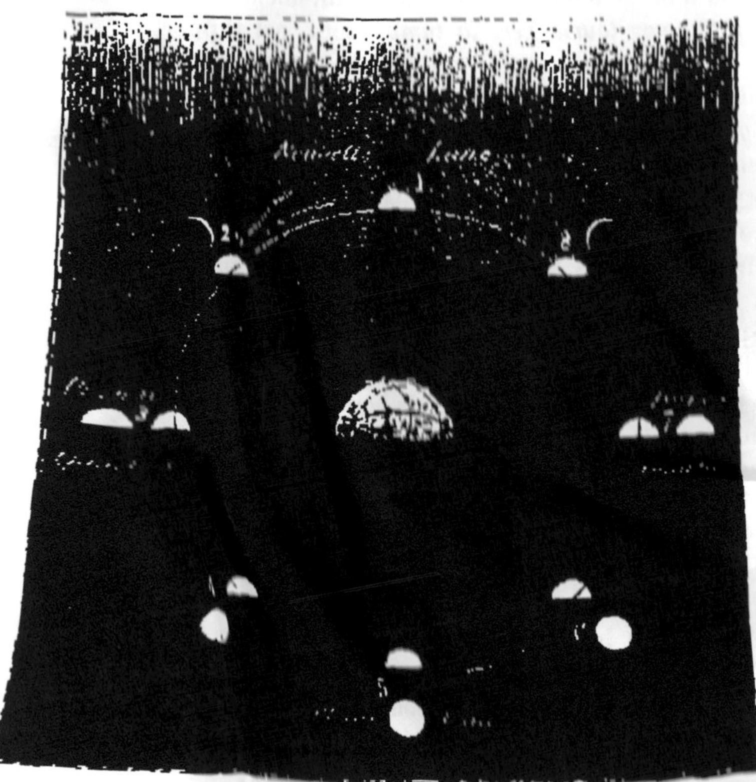

Fig. 36. — Phases de la lune.

conjonction avec le soleil, c'est-à-dire située du même côté par rapport à nous. Vous voyez tout de suite qu'un spectateur placé sur la terre, ne peut en voir que le côté obscur : phase que nous appelons la *nouvelle lune*.—

(Pour mieux rappeler à votre mémoire ces différentes phases, on a dessiné à côté de chacune de ces positions l'aspect qu'elle produit pour le spectateur placé sur la terre.)

Pour plusieurs raisons, quand la lune est dans cette position, nous ne l'apercevons d'ordinaire aucunement. La première raison, c'est que nous ne pouvons apercevoir au ciel que ce qui est lumineux. Ce qui est obscur est totalement invisible pour nous, parce qu'il se confond avec la teinte du ciel. De plus, quand la lune est du même côté que le soleil, elle est sur notre horizon en même temps que lui, tout près de lui ; elle se *lève* et se *couche* à la même heure que lui (par l'effet du mouvement diurne de la terre). Et alors, eût-elle même quelque lumière, la lune disparaîtrait encore pour nos yeux effacée par l'éclat ardent du soleil.

La lune avance dans son *orbite* dans le sens marqué par la flèche. Dès lors une petite partie du côté éclairé commence à se montrer au bord, comme un mince filet de lumière, qui bientôt s'élargit en un *croissant*. La lune, en ce moment, n'est plus tout à fait dans la direction du soleil (n° 2). Le soir, quand l'astre du jour est déjà caché, la lune, qui chaque jour retarde, n'est pas couchée encore. On aperçoit le *croissant* au bord de l'horizon, tournant sa *courbe* vers le lieu où est le soleil, c'est-à-dire vers l'occident, et ses *cornes* à l'opposé. Chaque soir il paraît plus large ; et en même temps il se couche plus tard.— Quand la lune est arrivée au premier quart de son tour (n° 3), à angle droit avec le soleil et la terre, nous découvrons juste la moitié du côté lumineux, qui nous paraît un demi-cercle brillant. Son bord arrondi est tourné vers l'occident, dans la direction du soleil encore visible ou déjà couché. C'est le *premier quartier*.— Le jour du premier quartier, la lune se trouve au milieu de son chemin apparent vers l'heure du coucher du soleil; elle se couche à son tour vers minuit. — Observez que dans toutes les phases le côté brillant est seul visible ; la face obscure est presque totalement invisible à nos yeux ; il faut des précautions particulières pour l'apercevoir un peu, très-faiblement éclairé par un reflet douteux qui lui vient de la terre (1).

A mesure qu'elle avance, la lune nous découvrant de plus en plus de sa face lumineuse, le demi-cercle s'élargit en s'arrondissant graduellement (n° 4). L'ombre se retire vers le bord opposé. Quand enfin l'astre est *arrivé* juste en *opposition* avec le soleil (n° 5), vous voyez par le dessin qu'il tourne en plein vers la terre son côté éclairé : c'est la *pleine lune*. Le beau disque radieux nous apparaît alors parfaitement arrondi. Le jour de la pleine lune, l'astre se lève le soir, à l'opposé du soleil, à l'heure où celui-ci se couche ; il brille toute la nuit, décrivant lentement sa grande courbe à travers le ciel semé d'étoiles ; il se couche seulement au matin. — En effet, à ce moment la lune étant justement à l'opposé du soleil, nous devons la voir pendant le temps où nous ne voyons pas celui-ci, et réciproquement. Quand nous avons le jour, c'est-à-dire quand nous sommes tournés vers la lumière, la lune, à l'opposé, nous est cachée par la terre ; elle est dans la partie du ciel que nous ne pouvons voir, au-dessous de l'horizon. Et au contraire, quand le mouvement de la terre nous a fait passer dans l'ombre et que nous ne voyons plus le soleil, nous sommes justement tournés vers la lune. — Il est nécessaire de bien nous rendre compte de tout cela ; car, ainsi que nous le disions, il ne suffit pas d'observer les effets, il faut en comprendre les causes.

Maintenant, tandis que la lune va faire la seconde moitié de son tour, nous allons voir la lumière graduelle-

(1) Lumière cendrée. Voir leçon 10°, page 110.

ment décroître, l'ombre gagner peu à peu et s'étendre (n° 6). Au bout de quelques nuits on n'aperçoit déjà plus que la moitié de la face éclairée : c'est le *dernier quartier* (n° 7). Le demi-cercle qu'il forme a encore sa courbe tournée vers le soleil. Mais c'est le matin, après minuit, que la lune se lève maintenant. Le soleil, qui dans quelques heures va se montrer, est déjà dans la direction de son lever ; c'est donc vers l'*orient* cette fois qu'est tournée la partie lumineuse du disque. Puis l'ombre de plus en plus envahit, la lumière recule vers le bord. Bientôt (n° 8) on ne voit plus, vers le matin à l'orient,

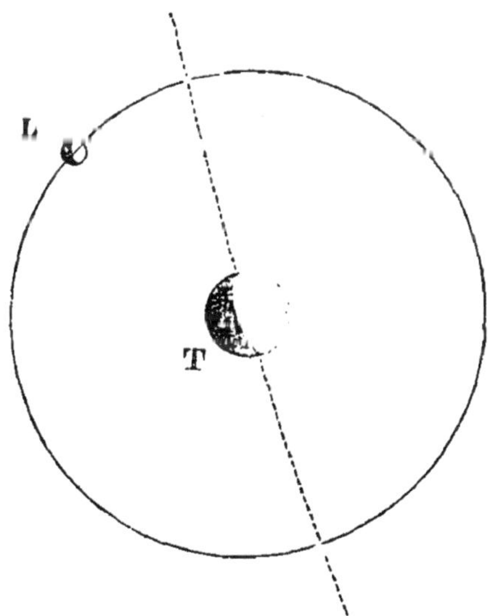

Fig. 47. — Orbite de la lune. T, terre sur son orbite ; L, lune.

qu'une étroite bande brillante en forme de faucille, toute semblable au croissant, mais tournant ses *cornes* en sens inverse. Elle va s'amincissant et s'effilant jusqu'à ce qu'elle disparaisse, lorsqu'enfin la lune est revenue se placer dans sa première position (n° 1) entre nous et le soleil. Alors un autre tour avec des phases semblables, une nouvelle *lunaison* recommence. Une *lunaison*, c'est-à-dire un tour entier, une *révolution* entière de la lune autour de la terre, dure à peu près un mois (plus exactement 29 jours et demi). Dans un mois donc la série complète des phases recommence et s'achève.

C'est bien un mouvement réel que celui de la lune, non pas une simple apparence de mouvement comme pour le soleil. La lune se lève et se couche en retardant chaque jour d'un peu plus de trois quarts d'heure. Si la lune était immobile comme le soleil, lorsque nous l'avons vue se lever un jour à une certaine heure, le lendemain, après une *rotation* complète de la terre, nous la reverrions juste à la même heure dans la même position. Mais, au contraire, après vingt-quatre heures, lorsque la terre a accompli sa rotation diurne, il faut encore qu'elle fasse en outre une portion de tour pour que nous arrivions à découvrir la lune. C'est donc que celle-ci a *reculé*, comme pour se faire poursuivre... La lune se meut donc, *tourne réellement* autour de la terre, et de plus, elle tourne *dans le sens du mouvement réel de rotation de la terre*, et par conséquent en sens contraire du *mouvement apparent* du soleil.

D'ailleurs, c'est une des grandes *lois* du ciel, un fait général pour tous les astres, que ce sont les petits globes qui tournent autour des gros, et non les gros autour des petits : cela pour une raison que nous vous expliquerons plus tard. La terre, plus petite que le soleil, tourne autour du soleil ; c'est la lune à son tour, plus petite que la terre, qui tourne autour de la terre.

La lune est 50 fois moindre en grosseur que notre globe ; en d'autres termes, il faudrait 50 lunes réunies pour former le *volume* de la terre.

Elle est encore moins massive, moins lourde à proportion : la lune pèse — c'est calculé exactement — 80 fois moins que la terre.

Nous avons déjà observé que le disque de l'*astre des nuits* offre à nos yeux à peu près la même *dimension apparente* que le brillant *astre du jour*. C'est que la lune, beaucoup plus petite que le soleil, est bien moins éloignée de nous. D'ici à la lune, il n'y a que 96 000 lieues : un peu moins de la centaine de mille. « Que 96 000 lieues! » direz-vous... Ah! je sais ce que vous voulez dire : vous

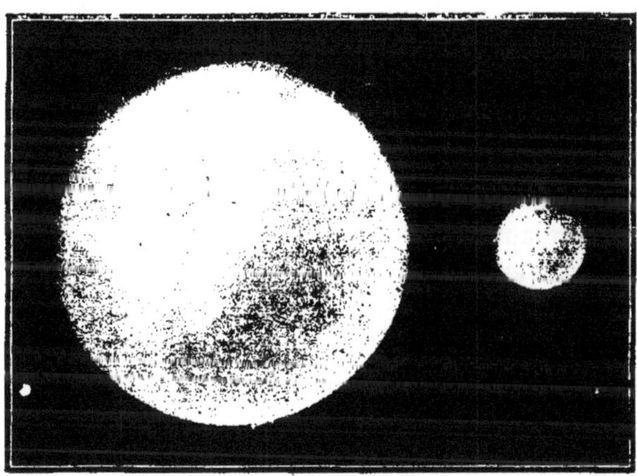

Fig. 48. — Grosseurs comparées de la terre et de la lune.

trouvez que c'est déjà énorme, effrayant! Eh oui, c'est énorme à proportion de nous, qui sommes tout petits. Mais à proportion *des choses du ciel,* de la grosseur et de la distance du soleil, des autres astres, c'est peu, oui, bien peu : et nous pouvons dire que la lune est un astre très-voisin de nous. Bientôt nous allons faire des comparaisons qui nous donneront une idée juste de cette distance.

Connaissant la distance de la lune, on a pu calculer la longueur totale du chemin qu'elle parcourt autour de la terre, c'est-à-dire de son orbite; sachant le temps qu'elle met à le parcourir, on trouve qu'il lui faut glisser dans l'espace avec une rapidité d'environ 1 kilomètre par seconde : — un quart de lieue dans le temps de faire deux pas!

De plus, tandis que la lune tourne autour de la terre, la terre, il ne faut pas l'oublier, tourne autour du soleil. Ces deux choses se font en même temps. Comment?—Imaginez qu'à la promenade, tandis qu'une grande personne marche d'un pas égal sur la route, un enfant s'amuse à tourner autour d'elle tout en la suivant, passant tantôt devant, tantôt derrière. Eh bien, la lune est obligée de *courir après* la terre qui fuit dans son orbite — et vous savez avec quelle vitesse — pour pouvoir encore, en outre, tournoyer autour d'elle. Ainsi la lune suit notre globe à travers l'espace comme une compagne fidèle, ou bien encore, si vous voulez, comme un garde, un serviteur suit son maître : c'est ce qu'on exprime en disant : « la lune est le *satellite* de la terre. »

DIXIÈME LEÇON

LE MONDE LUNAIRE

Aspect de la lune à l'œil nu.—Imaginez une belle soirée d'été. Il est tard déjà ; depuis plusieurs heures le soleil est couché. La chaleur du jour est tombée ; une brise passe et rafraîchit l'air. Le silence se fait ; tout est tranquille et comme endormi. La pleine lune brille au ciel et nous montre en plein son disque argenté. Çà et là quelques étoiles s'allument au firmament. Ce sont les plus brillantes, et leur éclat est comme voilé ; toutes les autres sont effacées par la clarté plus vive de la lune. —La lune sera la reine de cette nuit.

Contemplons un instant l'astre qui nous verse sa douce et blanche lumière. Nous observons déjà que son disque ne brille pas partout d'un éclat égal. Certaines parties, moins lumineuses, nous paraissent grisâtres et font comme des taches. Ces taches, irrégulièrement disposées, rappellent vaguement un visage. Mais quand on observe la lune avec une *lunette*, cette apparence de visage s'efface tout à fait, parce qu'on distingue mieux les détails. L'astre est vu beaucoup plus grand, comme s'il était beaucoup plus rapproché de nous ; et alors on discerne nettement ce qu'on n'eût pu observer à l'œil nu.

Aspect de la lune avec les lunettes.—La surface de la lune paraît très-inégale. En certaines parties on aperçoit de hautes montagnes ; d'autres endroits, plus unis, forment d'im-

FIG. [illegible]. — Aspect de la lune au premier quartier, d'après une photographie. Régions brillantes et taches obscures.

menses plaines. Et tout cela se voit admirablement : d'ici on distingue les cimes, les vallées, les ravins, les précipices.... Songez qu'à travers les meilleures et les plus grandes lunettes on voit la lune *comme si elle était rapprochée à une cinquantaine de lieues* (50 lieues au lieu de 96 000) — comme vous verriez, du haut d'une montagne, le paysage à l'horizon autour de vous.

On a étudié cet étonnant pays avec un soin extrême; on a compté, mesuré, dessiné chaque montagne, chaque vallée, chaque plaine. On a fait des *cartes de la lune* semblables aux cartes géographiques qui nous représentent les divers pays de la terre. Et même tout dernièrement on a fait la *photographie* de la lune, comme on fait celle d'une personne, d'un édifice. Enfin on peut dire que nous connaissons la lune *comme si nous y étions allés.*

Distance de la terre à la lune. — *Aller dans la lune!* Ah, ce serait un curieux voyage! « Il serait si agréable d'avoir des ailes, et de s'envoler... Ou si seulement on pouvait y aller en ballon? » Mais non : impossible. A quelques lieues à peine de la surface de la terre, il n'y a déjà plus d'air pour respirer, ni pour soulever le ballon. Donc personne n'ira jamais dans la lune. — Quel dommage!

Mais si notre corps, chose lourde, ne peut quitter notre globe, notre pensée se promène à son gré, et sans obstacle s'élance vers les objets lointains. Ne vous représentez-vous pas, comme si vous les voyiez encore, les choses dont vous avez souvenir? Quand vous connaissez la forme, la couleur, l'aspect d'un objet, ne vous faites-vous pas tout de suite dans votre pensée une image de cet objet? — Eh bien, faisons en imagination *un voyage dans la lune...* le voyage sera imaginaire; mais les choses observées ne le seront pas : car nous nous les représenterons comme on sait qu'elles sont en réalité.

Si pour faire cette traversée nous devions prendre le chemin de fer, avec la vitesse d'un bon train (10 lieues à l'heure) il nous faudrait quatre cents jours—plus d'un an. C'est bien long. Si nous pouvions nous attacher à un boulet de canon, qui franchit un kilomètre en deux secondes, nous serions encore treize heures en route, et nous n'arriverions que demain. — Ce sont là des imaginations : mais elles servent à nous donner une idée de la distance très-grande — à proportion de nous — qu'il y a de la terre à la lune. — Mais la lumière va bien plus vite que tout cela! Un rayon de lumière partant de la lune arrive à nos yeux dans *un peu plus d'une seconde*. Notre pensée peut bien franchir cet espace avec la même vitesse. Partons donc!... Nous sommes arrivés.

Montagnes et plaines de la lune. — Nous voici sur un sol rocailleux, encombré de blocs énormes, entassés comme des pierres éboulées au pied d'un mur en ruine. Autour de nous se dressent de hautes montagnes, des pics aigus, des crêtes dentelées. Transportons-nous sur l'une des plus hautes cimes. Arrivés au sommet, nous voyons que la montagne est creuse; notre regard plonge dans un gouffre.... Nous sommes sur un *volcan*, et voilà le *cratère* : un cratère immense, profond, mais éteint désormais; le volcan ne vomit plus de laves.

La montagne que nous venons de gravir est une des plus élevées de la lune; elle a 6000 mètres de hauteur. D'ici, nous dominons au loin. A nos pieds, des pentes rapides, des vallées profondes, des écroulements de rochers, des crevasses, des précipices. Tout autour de nous, à perte de vue, des montagnes, des volcans, des cratères : — des cratères, on ne voit que cela. Les uns sont assez étroits, comme ceux des volcans de la terre ; les autres, immenses, profonds, entourés comme d'un rempart de crêtes dentelées, formant ce qu'on appelle des *cirques*.

Ces montagnes de la lune sont très-élevées. Beaucoup ont 5000, 6000 mètres; c'est plus que le *mont Blanc*, la plus haute montagne de l'Europe. Une d'entre elles, appelée le *mont Dœrfel* — car on a donné des noms aux montagnes de la lune, comme aux nôtres! — le *mont Dœrfel* a 7603 mètres de hauteur; le *mont Newton* 7264 mètres. C'est presque autant que les plus hautes montagnes de la terre. Mais comme la lune est beaucoup plus petite que notre terre, ces montagnes sont donc, *à proportion*, en comparaison du globe qui les porte, beaucoup plus élevées que les nôtres. Les *cirques* en forme de cratères sont d'une étendue bien plus étonnante encore : l'un d'eux, *le cirque de Clavius*, a 55 lieues de largeur ; il faudrait plus de quinze jours de marche pour en faire le tour !

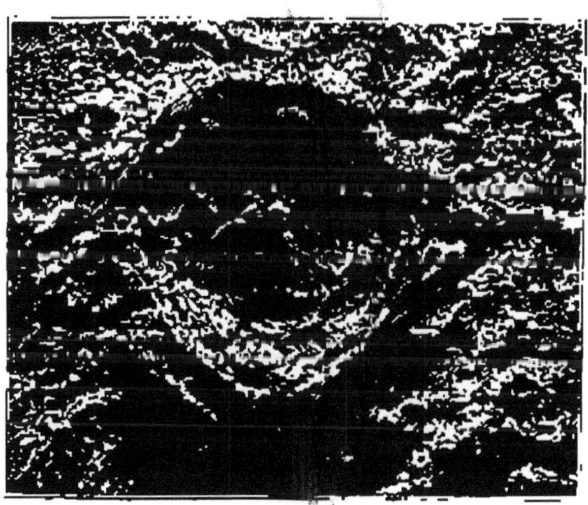

Fig. [illegible] — Montagnes, cratères et cirques de la lune vus au télescope.

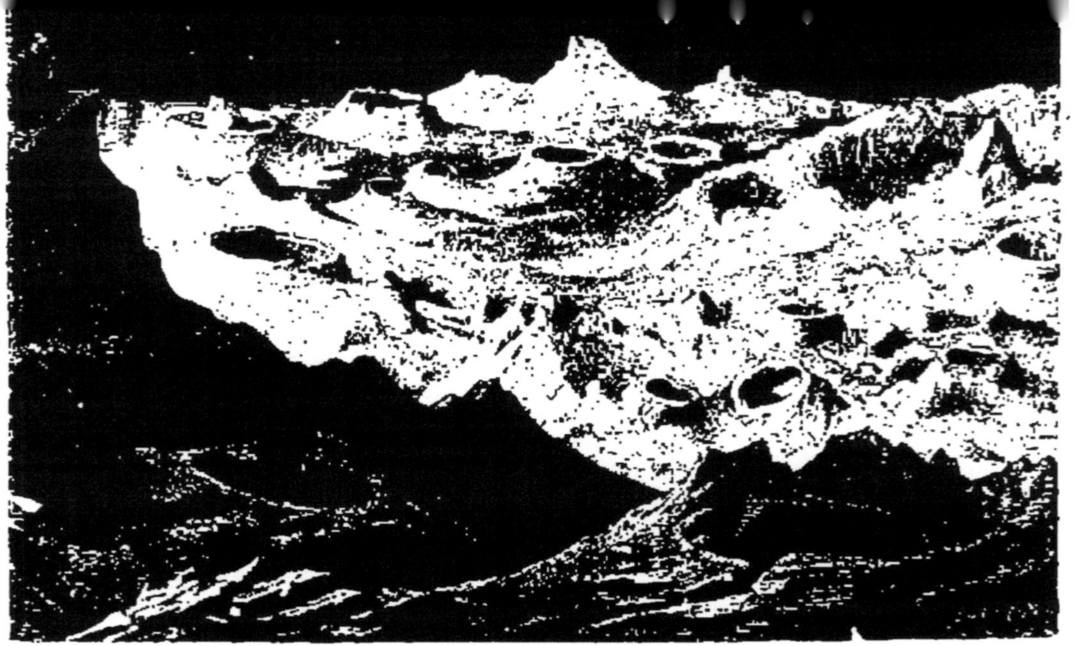

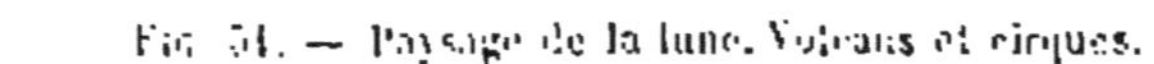

Fig. 54. — Paysage de la lune. Volcans et cirques.

Les montagnes de la lune sont formées d'une pierre blanchâtre, ressemblant à la craie. Sous les rayons du soleil, cette pierre paraît éclatante comme un mur blanc dont le reflet trop vif nous fait baisser les yeux. Voilà pourquoi *les régions montagneuses*, vues de la terre, nous paraissent plus éclatantes; elles forment les parties les plus brillantes du disque. Le sol des grandes plaines, au contraire, est terne; on dirait une sorte de boue grisâtre, desséchée. Les *régions des plaines*, de couleur plus sombre, forment les *taches* que nous avons remarquées sur la face de la lune.

Aspect des paysages lunaires. Effets divers de l'absence d'air et d'eau.—Mais comme ces étranges paysages que nous découvrons ont un aspect triste et désolé ! C'est que dans ce pays extraordinaire où nous voyageons il n'y a point d'air, il n'y a point d'eau. — *Point d'air, point d'eau* : donc, ni vapeurs ni nuages. Rien n'adoucit les rayons du soleil : ce n'est jamais ici comme sur la terre, où un jour doux et tiède, partout répandu, baigne toute chose. Ici, au soleil on est ébloui : en même temps, on grille; passez à l'ombre du rocher, vous ne voyez goutte, et le froid vous saisit. En face du soleil la roche est trop vivement éclairée: à l'opposé, l'ombre est très-noire. Pas de *demi-teintes* : les lointains ne paraissent ni bleus, ni voilés de vapeurs grisâtres, comme sur la terre : car c'est l'air qui donne cet aspect aux objets éloignés. Ici les hautes montagnes n'ont ni neiges ni glaciers; point de torrents dans les ravins, ni de rivières au fond des vallées. *Ni mers, ni lacs.* — Autrefois, lorsqu'on ne savait pas ces choses, on avait donné le nom de *mers* aux grandes plaines qui forment les taches grises sur le disque de la lune. On avait nommé une *mer Méditerranée*, un *océan des Tempêtes*, un *lac des Songes*, un *marais des Brouillards*... On a conservé ces noms pour désigner ces vastes étendues, quoiqu'on sache fort bien aujourd'hui que dans ces prétendues mers il n'y a pas une goutte d'eau : ce sont des déserts immenses. — Partout le sol nu, le roc aride. On n'y voit ni forêts, ni prairies, et l'on peut penser qu'*il n'y a pas de végétaux* dans la lune : car nulle plante ne peut vivre sans air et sans eau ; et qu'il n'y a non plus ni animaux ni habitants. Cependant on ne peut pas *l'affirmer*, car il pourrait y avoir sur ce monde une quantité d'air trop faible pour être aperçue d'ici, et, d'un autre côté, il n'est pas impossible qu'il existe là des êtres, tout à fait différents de nous, pouvant se passer de ce qui est absolument nécessaire à la vie de tous ceux que nous connaissons.

Autres effets de l'absence de l'air et de l'eau.—Autre chose étonnante : dans la lune on n'entend aucun bruit, aucun son. Pourquoi? C'est que le son est une vibration, une agitation de l'air.

Là où il n'y a pas d'air, le son ne peut pas arriver à nos oreilles. — On fait, dans les leçons de physique, une expérience curieuse : une clochette est suspendue au milieu d'une vaste carafe de verre. Au moyen d'une sorte de pompe on ôte, on *extrait* l'air de cette carafe. Cela fait, on agite la sonnette : on voit bien le battant heurter les bords, mais on n'entend rien, rien. — Dans la lune, c'est comme dans cette carafe. Voyageurs imaginaires, si nous voulions causer entre nous ? Nos lèvres remuent — pas un son ne sort. Une montagne s'écroulerait que vous n'entendriez nul fracas, nul bruit... C'est ici le pays du silence éternel.

Aspect du ciel vu de la lune. — Maintenant levons nos yeux vers le ciel. Mais quel étonnant aspect a *le ciel vu de la lune!* Nous n'apercevons pas ici cette apparence de voûte bleue que sur la terre l'air forme, au-dessus de nos têtes. Il fait grand jour, le soleil est éblouissant; et pourtant le ciel nous apparaît comme un immense espace noir tout parsemé d'étoiles qui brillent d'un éclat admirable. Les étoiles en plein jour ! Puis quel est donc dans le ciel ce beau disque brillant qui ressemble *à une lune*, mais à une lune quatre fois plus large que celle qui éclairait nos nuits là-bas, sur la terre ? Ce disque a des taches aussi : voyez ! là un grand triangle un peu jaune sur un fond verdâtre : ici... mais quoi ? Ne reconnaissez-vous pas ces contours que vous avez tant de fois étudiés sur vos sphères terrestres : l'Afrique, le grand triangle ; l'Asie, l'Europe : voici la France ! Voilà les grandes mers ! Ce globe brillant, cette énorme *lune*... c'est la terre !

Oui, en vérité, c'est la terre. La terre, *vue de la lune*, paraît aussi brillante que la lune elle-même vue de la terre ; de plus, comme elle est bien plus grande, elle éclaire bien davantage (quatorze fois plus). Vue de la lune, la terre a aussi ses *phases*, puisque étant éclairée de même par le soleil, elle aussi a son côté lumineux et son côté sombre. Seulement ses phases se trouvent toujours opposées à celles de la lune. Ainsi, quand sur la terre nous avons *nouvelle lune*, les habitants de la lune, s'il y y en avait, verraient juste en face la partie éclairée de la terre : ils auraient *pleine terre*... Quand nous avons *premier quartier de lune*, ils auraient *dernier quartier de terre*, *nouvelle terre* quand nous avons *pleine lune*, et ainsi de suite. De plus, comme la terre tourne sur elle-même en un jour, les habitants imaginaires de la lune verraient successivement passer en face d'eux, dans l'espace de vingt-quatre heures, les continents et les mers : ce qui serait pour eux comme une horloge d'un nouveau genre..... (Voyez la figure du frontispice.)

En terminant notre voyage à la lune, remarquons encore que les objets y sont *beaucoup moins pesants* que sur la terre, c'est-à-dire que la force avec laquelle les objets sont attirés vers le sol de la lune est bien moindre que celle qui fait tomber sur le sol de la terre et y retient attachés les objets pesants. Ainsi ce bloc de pierre qui sur la terre paraîtrait devoir peser 100 kilogrammes au moins, ici, sur la lune, essayez de le soulever : vous croiriez lever un morceau de liége ; c'est tout au plus s'il pèse 15 ou 16 kilogrammes. Aussi nous autres, voyageurs imaginaires de cet étrange pays, nous nous sentons en marchant d'une légèreté tout à fait étonnante : un bon coup de jarret nous ferait sauter par-dessus un bloc haut comme une maison. Cela tient à ce que la lune est beaucoup plus petite : puis les matériaux qui la forment sont beaucoup moins lourds que ceux qui forment le globe terrestre. Ayant une *masse* bien moindre que notre globe, elle *attire* moins fortement vers elle les objets.

Mouvement de rotation de la lune. — Quand on observe attentivement les taches de la lune, on voit qu'elles restent toujours à la même place ; pendant les *phases*, l'ombre les couvre ou les découvre, mais elles restent immobiles. *La lune nous présente donc toujours la même face.* Or, comme dans l'espace de vingt-neuf jours la lune fait son voyage en rond autour de la terre, elle a dû faire, *juste dans le même temps*, un tour sur elle-même, pour tourner toujours sa même face vers nous.

Ceci peut-être vous étonne ; à première vue vous vous dites : « Si la lune présente toujours son même côté vers » nous, *il semble* qu'elle ne tourne pas sur elle-même ; au- » trement nous la verrions successivement de tous les » côtés. » Oui, cela semble. Mais réfléchissons un instant.

Qu'est-ce que *tourner sur soi-même?* Supposez-vous debout au milieu d'un champ. Sans changer de place, vous vous tournez, toujours dans le même sens, de manière à regarder successivement vers tous les points de l'horizon. Vous *tournez sur vous-même*. Maintenant autre expérience. Imaginez un poteau planté dans le sol ; et supposez que vous tournez en cercle autour de ce poteau de manière à le regarder toujours, à diriger toujours votre visage vers lui. En même temps que vous avez fait un tour autour du poteau, vous avez fait aussi un tour

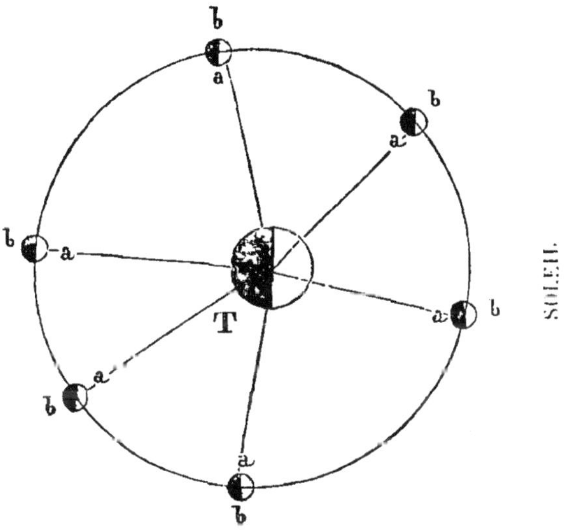

Fig. 52 — Positions de la lune montrant toujours sa même face à la terre ; *a*, point tourné vers nous ; *b*, point tourné à l'opposé.

sur vous-même, car pour regarder toujours le poteau, vous vous serez trouvé avoir regardé successivement vers tous les points de l'horizon, comme dans notre première observation. Il en est absolument de même pour la lune : pour présenter toujours sa même face à la terre en tournant autour d'elle, elle s'est trouvée tourner successivement cette face vers tous les points de l'espace : donc *elle a tourné sur elle-même*, juste dans le même temps.

De là deux conséquences. La première, c'est que nous n'avons jamais vu, nous ne verrons jamais *l'autre face* de la lune. Elle nous demeurera à tout jamais inconnue.

Secondement, puisque la lune fait un tour sur elle-même en face du soleil dans un mois, pendant ce temps elle aura tourné successivement vers le soleil tous les points de sa surface. Il en résulte que dans cet espace d'un mois, chaque lieu de la lune aura été quinze jours éclairé et quinze jours dans l'ombre. En d'autres termes, la lune a aussi ses jours et ses nuits absolument comme la terre ; et il serait inutile de recommencer pour elle une explication que vous avez bien comprise. Seulement, sur la lune, les jours ont presque *quinze jours* et les nuits autant (plus exactement quatorze jours dix-huit heures). Quels jours ! et quelles nuits ! Le soleil met près d'une heure à se lever; le jour se fait tout à coup, et il n'y a point d'aurore. Aussitôt que le soleil commence à apparaître, un jour brillant éclate subitement; les cimes des montagnes sont éclairées, éblouissantes, mais les vallées sont encore dans l'ombre. Peu à peu les rayons du soleil pénètrent dans leurs profondeurs, et jusqu'au fond des cratères. Le jour est si long, que la chaleur *accumulée*, croissant de plus en plus, finit par devenir plus forte que celle de l'eau bouillante. Puis, quand la nuit vient, c'est brusquement, sans crépuscule : une nuit noire, glacée; le froid est aussi terrible pendant cette longue nuit que la chaleur pendant ce jour accablant. A de pareilles conditions de vie, personne de nous ne résisterait, quand même on pourrait se passer de respirer et de manger. Vous voyez donc que, tout compte fait, il vaut mieux vivre sur la terre que *d'habiter dans la lune !*

ONZIÈME LEÇON

LES ÉCLIPSES

Ombres projetées par les objets opaques. — Le jour, quand un beau soleil éclaire, vous voyez s'étendre du côté opposé l'ombre des arbres, des rochers, des maisons; vous voyez votre propre ombre se *projeter* à vos pieds ou se dessiner sur une muraille. Le soir, quand la lampe est allumée, avez-vous remarqué les grandes ombres bizarres qui se font le long des murs? — Tout objet *opaque* éclairé d'un côté fait ainsi, en arrêtant la lumière, son ombre du côté opposé.

Reprenons encore notre lampe avec son beau globe de verre dépoli, qui nous a déjà servi à représenter le soleil; notre petite boule, notre pomme ou notre orange, figurant pour nous la terre. Tenons celle-ci suspendue par un fil à quelque distance de la lampe. La moitié de la boule tournée vers la *source de lumière* est éclairée, l'autre moitié est sombre : nous avons déjà vu cela. Mais de plus, *derrière* la boule, du côté opposé à la lampe, il y a un certain espace où la lumière de la lampe ne peut arriver, parce que la boule l'arrête. Cet espace obscur *dans l'air*, derrière la boule, c'est là justement ce qu'on appelle l'*ombre* — l'ombre de la boule.

Si je mets dans cet espace un petit objet, une bille,

par exemple, cette bille ne reçoit plus de lumière : elle est dans l'ombre. Partout ailleurs, au-dessus, au-dessous, à droite, à gauche, elle serait éclairée. — Nous pourrions même bien trouver une position où une partie de la bille serait dans l'ombre, tandis qu'une autre partie serait éclairée par la lampe.

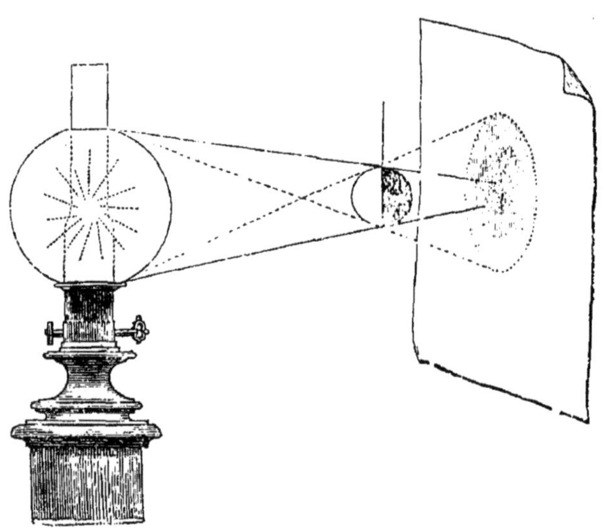

Fig. 55. — Ombre portée et pénombre d'une boule.

L'espace auquel la boule cache tout à fait la *sphère éclairante* a, *dans l'air*, la forme d'un cornet, c'est-à-dire qu'il va s'allongeant derrière la boule, se retrécissant et finissant en pointe. C'est ce qu'on appelle le *cône d'ombre*.

Prenons une feuille de papier blanc, plaçons la derrière la boule et tout près d'elle. La partie du papier qui se trouve couper l'ombre forme comme une tache ronde, un petit cercle obscur au milieu de la surface éclairée. Le cercle obscur est à peu près aussi grand que la boule elle-même. Mais écartons lentement la feuille de papier; nous voyons la tache d'ombre diminuer, se rétrécir à mesure, ce qui prouve que l'*ombre* s'en va décroissant et se terminant en pointe. En même temps, si vous observez bien, vous remarquerez autour de la tache obscure un cercle grisâtre, à demi éclairé seulement, mais non pas tout à fait sombre, qui grandit, grandit à mesure que le papier s'éloigne, tandis que la tache obscure se rapetisse. Cette étendue à demi éclairée autour de l'ombre plus noire est ce qu'on appelle la *pénombre :* c'est l'espace auquel la boule ne cache pas toute la *sphère éclairante*, mais une partie seulement de cette sphère, arrêtant ainsi une partie seulement de la lumière, non pas toute.

Eclipses de lune. — Maintenant figurez-vous la terre, sphère opaque, flottant dans l'espace immense en face de la grosse sphère éclairante qui est le soleil. La terre, elle aussi, fait à l'opposé du soleil une grande ombre qui s'allonge derrière elle dans l'espace.

Cette ombre a aussi la forme d'un cône. Tout près de notre globe elle a le *même diamètre*, la même largeur que lui; puis elle va s'amincissant, et finit en pointe à 347 000 *lieues* derrière nous.

La lune, comme nous l'avons vu, tourne autour de notre globe à une distance de 96 000 lieues à peu près. Quand elle passe derrière la terre, du côté opposé au soleil, il peut lui arriver de traverser l'*ombre* de la terre, qui s'étend beaucoup au delà. Alors elle perd sa lumière, sa lumière qui lui vient du soleil. C'est là ce qu'on appelle une *éclipse* — une *éclipse de lune*. On voit la lune entrer peu à peu dans l'espace obscur; à mesure qu'elle y entre, l'ombre s'étend sur elle. Si la lune s'enfonce tout entière dans le cône d'ombre, l'*éclipse* est *totale*.

C'est un phénomène bien curieux, n'est-ce pas, que de

voir cette belle lune graduellement couverte d'ombre qui disparaît, qui s'*éteint*, pour ainsi dire, au milieu du ciel !

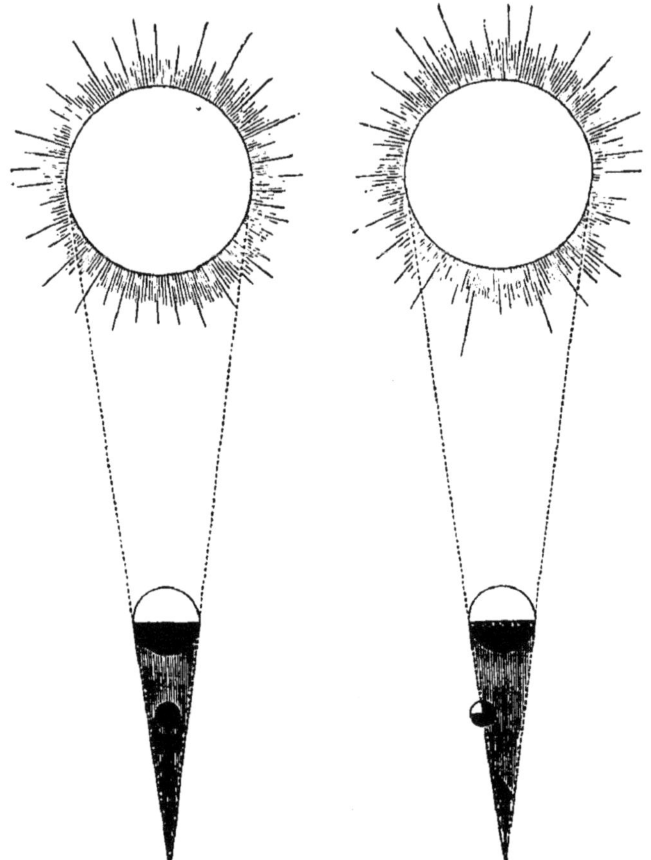

Fig 54. — Éclipse totale de lune. La lune est tout entière dans l'ombre de la terre.

Fig. 55. — Éclipse partielle de lune. La lune n'est qu'en partie plongée dans l'ombre de la terre

A peine aperçoit-on son globe, teint d'un faible reflet rougeâtre. Au bout de quelque temps la lune sort graduellement de l'ombre du *côté opposé ;* on voit un trait de lumière éclairer le bord, puis s'étendre sur la surface ; et bientôt l'astre a repris sa clarté.

Souvent il arrive que la lune ne traverse pas l'ombre en plein et ne s'y enfonce pas tout entière; passant sur le côté, elle ne fait que *couper* l'ombre plus ou moins profondément. Alors la partie qui traverse l'ombre devient seule obscure; le reste de la surface continue de briller, — moins qu'à l'ordinaire cependant, parce qu'elle se trouve dans la *pénombre* qui entoure le cône obscur. C'est alors une *éclipse partielle.* On voit l'*ombre portée* de la terre sur la lune, comme on verrait l'ombre portée d'un objet sur un mur; et cette ombre paraît nettement arrondie dans son contour : nouvelle preuve, en passant, que *la terre est ronde !*

Conditions d'une éclipse de lune. — Quand la lune peut-elle être *éclipsée?* Lorsqu'elle se trouve *en opposition* avec le soleil. Mais alors elle est en *pleine lune.* C'est donc toujours à l'époque de la pleine lune qu'il y a des éclipses de lune. Tous les mois la lune passe ainsi à l'opposé du soleil. Si elle passait toujours *exactement* derrière la terre, à chaque tour elle traverserait l'ombre, et il y aurait éclipse à toutes les pleines lunes, tous les mois. Il n'en est pas ainsi parce que le plus souvent la lune passe un peu au-dessus ou un peu au-dessous du cône d'ombre au lieu de le traverser ou même de l'entamer seulement; et alors il n'y a pas d'éclipse de lune.

Eclipses de soleil.—Le soleil, lui aussi, peut être *éclipsé.* Il ne peut pas perdre sa lumière, puisqu'il est lui-même la *source de lumière.* Mais il peut être caché à nos yeux.

Une grande personne passe devant vous, entre vous et le soleil : au moment où elle passe, elle vous cache le soleil. Un livre, un cahier est mis devant vos yeux, *entre vous et la lampe :* vous ne voyez plus la lampe. Voilà toute l'histoire d'une éclipse de soleil.

Mais qui donc peut se mettre ainsi entre nous et le soleil pour nous le cacher? — La lune.

Vous savez qu'en circulant autour de la terre, la lune, à chaque tour, passe entre la terre et le soleil : c'est lors de la *nouvelle lune*, vous ne l'avez pas oublié. Si alors elle se trouve passer *exactement* devant le soleil, entre lui et nous, *juste sur la même ligne*, au moment où elle passe, elle nous cache le soleil. Lorsqu'elle nous cache un instant le beau globe de feu tout entier, c'est une *éclipse totale de soleil;* si elle nous en cache une partie seulement, nous voyons une *éclipse partielle de soleil.*

Conditions d'une éclipse de soleil. — Mais quoi, direz-vous peut-être, la lune qui est des milliers de fois plus petite que le soleil, comment peut-elle un moment nous le cacher *tout entier ?* — Vous allez le comprendre.

Vous devez savoir par l'expérience de chaque jour qu'un objet plus petit, mais rapproché, peut cacher pour nos yeux un objet plus grand mais plus lointain. Votre main, placée en face de vos yeux, couvrira toute une maison située à quelque distance, ou même toute une montagne qui s'élèverait à l'horizon.

La lune est beaucoup plus petite que le soleil, mais elle est beaucoup plus rapprochée : cela fait compensation ; et en effet, la lune a un *diamètre apparent* à peu près égal à celui du soleil : nous l'avons déjà remarqué. — Mais la lune n'est pas toujours à la même distance de la terre; tantôt elle s'en rapproche un peu : et alors elle nous paraît *un peu plus grande* que le soleil ; tantôt elle s'éloigne davantage, et son *diamètre apparent* est *un peu plus petit* que celui du soleil. Si donc la lune se trouve à passer *bien juste en face* de l'astre au moment où, plus rapprochée de nous, elle nous paraît plus grande, elle peut nous le cacher complètement pendant quelques instants, ce qui fait l'*éclipse totale.*

Si au contraire à ce moment elle se trouve plus éloignée de la terre, paraissant plus petite que le soleil, elle ne peut nous le cacher tout entier : en passant devant lui elle fait comme une grosse tache noire couvrant presque

Fig. 56. — Éclipse annulaire de soleil.

tout le disque, mais laissant déborder tout autour comme une couronne, comme un *anneau* de lumière. On dit alors qu'on voit une *éclipse annulaire* de soleil.

Si la lune passait toujours *exactement* entre nous et le soleil, il y aurait éclipse de soleil à chaque nouvelle lune, c'est-à-dire tous les mois. Mais le plus souvent la lune passe non pas directement sur la même ligne, mais un peu au-dessus ou un peu au-dessous ; et alors il n'y a pas d'éclipse.

Projection de l'ombre de la lune sur la terre. — Quand il y a *éclipse de lune*, c'est pour tout le monde : je veux dire que la lune étant totalement ou en partie privée de sa lumière, l'éclipse est visible de tous les pays qui ont la nuit en ce moment, et la lune sur leur horizon. Mais pour les éclipses de soleil il n'en est pas de même, comm vous allez voir.

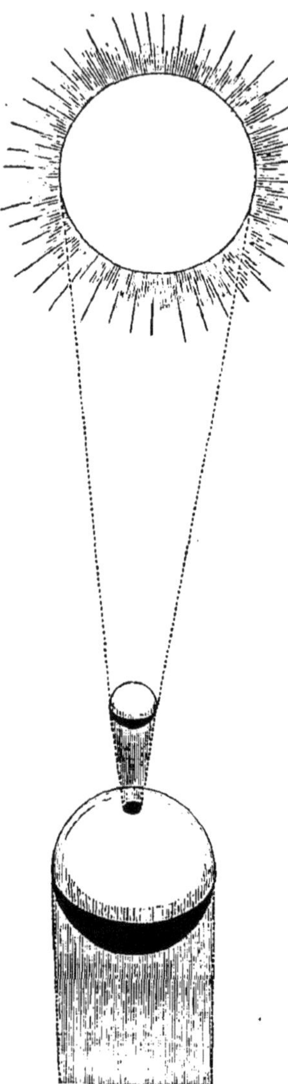

Fig. 57. — Eclipse de soleil.

La lune, comme la terre, a derrière elle son petit cône d'ombre. Quand elle passe entre nous et le soleil, cette ombre rencontre la surface de la terre ; et alors, sur cette surface éclairée par le soleil, elle fait une petite tache ronde obscure qui est l'*ombre portée* de la lune. Cette ombre glisse sur la terre comme votre ombre glisse sur une muraille quand vous passez entre elle et le soleil. Or la surface de la terre se trouve presque à la petite pointe du cône d'ombre; la tache obscure est donc très-petite à proportion : elle n'a jamais qu'une *vingtaine de lieues* de largeur, tout au plus. Ceux-là seuls sur lesquels passe l'ombre de la lune voient le soleil totalement éclipsé : tandis qu'en d'autres contrées au contraire, d'autres observateurs continueront de voir pleinement l'astre ; la lune ne se trouvant pas juste en face de ceux-là ne leur cache aucunement le soleil et ne les couvre pas de son ombre. Ceux qui se trouvent seulement sur le passage de la *pénombre* qui entoure la tache noire voient une *éclipse partielle*, la lune leur cachant seulement, au moment de son passage, *une partie* du disque brillant.

Or, comme cette ombre étroite qui glisse ainsi à la surface de la terre passe aussi bien sur les mers que sur les continents, sur les déserts que sur les lieux habités, il se trouve que chaque éclipse de soleil ne peut être vue que d'une assez petite étendue de pays habités. Et alors chaque lieu, la ville ou le village où vous demeurez, par exemple, a peu de chance de se trouver justement sur le passage de l'ombre. Ainsi, *pour chaque lieu pris à part*, les éclipses de soleil, surtout les éclipses totales, sont très-rares. Mais en se rendant dans les pays sur lesquels l'ombre doit passer, on peut les observer assez fréquemment.

Description d'une éclipse de soleil. — Une éclipse totale de soleil, c'est un phénomène bien curieux et bien saisissant : une petite nuit au milieu du jour ! — Imaginons un ciel pur, sans nuages : un soleil radieux. Tout à coup la lumière de l'astre s'affaiblit. Une échancrure noire arrondie — c'est le bord de la lune obscure — entame le contour du disque brillant; elle gagne peu à peu, elle s'étend. Bientôt la moitié du soleil est cachée. Dès lors une clarté blafarde, morne, succède à l'éclat du jour. Le paysage se voile d'ombre; toutes les couleurs pâlissent. — Les oiseaux, surpris, cessent leurs chants joyeux et se réfugient sous le feuillage; les troupeaux inquiets bêlent ou mugissent; les petits poussins se blottissent sous les ailes de leur mère. Les fleurs elles-mêmes referment leurs corolles, comme à l'approche de la nuit. — On ne voit plus déjà qu'un petit *croissant* de soleil, qui va s'amincissant de plus en plus, et finit par disparaître. Alors, c'est la nuit.... une nuit profonde et lugubre. Le silence se fait; les étoiles brillent au ciel. L'air se refroidit, une brise passe, dont la fraîcheur vous saisit. Les oiseaux de nuit sortent de leurs retraites, les chauves-souris commencent à voler. Les animaux paraissent effrayés : le cheval refuse d'avancer, et le chien vient se coucher, tout tremblant, aux pieds de son maître. Et l'homme même.... nous qui étions prévenus d'avance, nous qui sommes venus pour voir et qui savons que c'est là un phénomène tout naturel, nous nous sentons impressionnés, émus, malgré nous. Pour un moment, c'est comme si le magnifique flambeau du ciel était éteint, et on ne peut s'empêcher de se dire : « Si jamais il s'éteignait ainsi pour toujours ! s'il allait ne » plus nous rendre sa lumière ! qu'arriverait-il de la » terre ! et de nous ! » — Mais non. Autour du disque noir de la lune, on voit comme une couronne rayonnante de douce lumière, qui marque encore la place du soleil; et quand nos yeux se sont habitués à l'obscurité, nous reconnaissons que la nuit n'est pas si obscure qu'elle nous avait semblé d'abord. — Ah !... soudain mille cris de joie s'élèvent du milieu des spectateurs qui, depuis quelques minutes, attendaient immobiles et silencieux : un éclair de lumière s'est élancé du bord du soleil; le rayon déborde, de plus en plus ardent. La lune en continuant sa route découvre petit à petit le disque solaire, du côté opposé à celui qu'elle avait entamé le premier, et la radieuse lumière du jour reparaît.

Superstitions relatives aux éclipses. — Les peuples d'autrefois, ignorants et superstitieux, avaient une grande frayeur des éclipses. C'était pour eux un *prodige*, un bouleversement de la nature.... Le soleil, la lune, perdant leur lumière !... cela, bien sûr, annonçait quelque malheur, une guerre, une peste, un déluge ! — Les uns se croyaient à la fin du monde ; les autres s'imaginant qu'un affreux dragon dévorait le soleil poussaient des cris désespérés... Déjà pourtant les hommes instruits, les savants d'alors, savaient, — comme tout le monde le sait maintenant, — qu'une éclipse n'est pas une chose surnaturelle, mais un fait très-naturel au contraire, et fort simple. On avait même remarqué qu'au bout de 18 ans et 11 jours la terre et la lune étant revenues toutes deux dans une position semblable en face du soleil, les éclipses revenaient aussi, à peu près de même. Au moyen de cette *période*, vous-mêmes vous voilà en mesure de *prédire*, plusieurs années à l'avance, les éclipses qui auront lieu : puisqu'il vous suffira de savoir quelles éclipses ont été observées les années précédentes, et d'ajouter à la date de chacune 18 ans et 11 jours.

Époque des éclipses. Mais ce n'est là qu'un à peu près, disions-nous, surtout pour les éclipses de soleil, qui ne sont pas toujours visibles des mêmes lieux. Les astronomes, connaissant parfaitement les mouvements de la terre et de la lune, peuvent calculer exactement à quel moment la lune traversera l'ombre ou passera devant le soleil; ils savent prédire, des années, des siècles à l'avance, le jour, l'heure, la minute, la seconde où aura lieu l'éclipse ; les lieux d'où on pourra la voir, et toutes les apparences du phénomène. Il y a toujours chaque année, tant de soleil que de lune, au moins *deux* éclipses, au plus *sept*, visibles quelque part sur la terre; mais rappelons-nous bien que quand une éclipse a lieu, elle n'est pas toujours visible dans le pays que nous habitons. Les éclipses totales de soleil sont, avons-nous dit, très-rares pour un lieu donné. Ainsi, à Paris, il n'y a eu qu'une seule éclipse totale de soleil au siècle dernier (en 1724), il n'y en a pas eu depuis, et il n'y en aura pas avant le siècle prochain.

Voici une liste des dernières éclipses de soleil qui ont été vues en France :

19 oct. 1865 vue *partielle* en France, *annulaire* en Amérique.
9 mars 1867 vue *partielle* en France, *annulaire* en Piémont.
23 fév. 1868 vue *partielle* en France, *totale* en Italie.
22 déc. 1870 vue *partielle* en France, *totale* en Algérie.
25 mai 1873 vue *partielle* en France, *ni tot. ni annul.* nulle part.
11 oct. 1874 vue *partielle* en France, *annulaire* en Sibérie.
19 sept. 1875 vue *partielle* en France, *annulaire* en Afrique.
19 juillet 1879 vue *partielle* en France, *annulaire* en Afrique.

Vous trouverez chaque année dans les almanachs les éclipses de soleil et de lune visibles en France, et je vous engage à les observer. Voici toutes les éclipses *totales de soleil* qui auront lieu d'ici à la fin du siècle. Aucune ne sera totale pour la France, mais plusieurs y seront partiellement visibles.

17 mai	1882	totale	pour	l'Arabie.
6 mai	1883	—	—	les îles Marquises.
9 septembre	1885	—	—	la Nouvelle-Zélande.
29 avril	1886	—	—	l'Afrique occidentale.
19 avril	1887	—	—	la Russie.
22 décembre	1889	—	—	l'Afrique.
16 avril	1893	—	—	le Brésil.
9 avril	1896	—	—	la Sibérie.
28 mai	1900	—	—	les États-Unis.

DOUZIÈME LEÇON

COUP D'ŒIL GÉNÉRAL SUR LE SYSTÈME SOLAIRE

Nous avons vu comment la terre décrit dans l'espace du ciel sa grande courbe *annuelle*, son immense orbite autour du soleil. Sachez maintenant que notre globe n'est pas seul à tourner ainsi autour de la brillante sphère enflammée. La terre a des sœurs..., je veux dire qu'il y a d'autres globes semblables à elle, massifs, opaques et par eux-mêmes obscurs, comme elle, isolés aussi sans nul soutien dans l'espace, et circulant de même autour du soleil. Ces globes sont appelés *planètes*, d'un mot grec qui signifie *astres errants*.

Ces astres, vous ne pourriez pas, à la vue simple, les distinguer des étoiles ; ils ont absolument le même aspect pour nos yeux : de petits points plus ou moins brillants dans le noir profond du ciel. Pourtant entre elles et les étoiles il y a de grandes différences.

Distinction entre les planètes et les étoiles. —Les étoiles, tout d'abord, nous apparaissent toujours à la même place *les unes par rapport aux autres*. Je veux dire que si l'on remarque, une nuit, un groupe d'étoiles, un mois, un an après, on reconnaît que ces étoiles sont toujours pareillement disposées : celles qui étaient voisines le sont encore. Pour les planètes, c'est tout différent. Un soir vous voyez une planète briller près d'une étoile facile à reconnaître; quelques jours après elle est plus loin, auprès d'une autre.

Les astronomes connaissent parfaitement les divers groupes d'étoiles : aussi dès qu'ils aperçoivent un astre qui paraît changer de place, et se promener pour ainsi dire de groupe en groupe à travers les étoiles, ils disent tout de suite : voici une *planète.*

C'est qu'*en réalité* aussi, les planètes changent de place dans le ciel, puisqu'elles tournent, avons-nous dit, autour du soleil, comme la terre.

Autre différence. Quand on regarde une planète avec une lunette (nous avons déjà parlé de ces instruments merveilleux qui font paraître les objets plus gros et plus rapprochés qu'on ne les voit à la vue simple), quand, dis-je, on la regarde avec une lunette, on n'aperçoit plus

Fig. 58. — Planète vue au télescope et paraissant grossie, tandis que les étoiles environnantes ne sont pas grossies.

simplement alors un petit point lumineux, mais un disque plus ou moins large, tout à fait comparable à celui de la lune vue à l'œil nu. Les étoiles, au contraire, par une raison que nous vous expliquerons plus loin, vues à travers les plus *fortes* lunettes, les plus *grossissantes*, ne paraissent jamais que de petits points scintillants.

Les planètes ne sont pas comme le soleil, comme les étoiles, des *sources de lumière ;* elles ne brillent pas de leur propre lumière. Par elles-mêmes, avons-nous dit, elles sont *obscures ;* ce sont des globes opaques et massifs, comme la terre, comme la lune. Elles brillent parce qu'elles sont éclairées par le soleil et renvoient, *réfléchissent* sa lumière, comme fait la lune, comme fait la terre elle-même. Et pas plus que la lune elles ne sont ni *polies* telles qu'un miroir, ni purement blanches. Leur surface est terne et inégale comme celle de la terre; mais la lumière du soleil est si vive que son simple reflet, renvoyé de si loin vers nos yeux, nous fait paraître la planète radieuse.

En réalité, c'est une boule très-grosse qu'une planète ; elle nous semble petite à cause de la distance. Toute la lumière qu'elle nous envoie, nous paraissant venir d'un seul petit point, nous fait trouver ce petit point très-brillant. Mais lorsqu'on regarde la planète avec une lunette très-grossissante, elle paraît considérablement élargie. Et alors toute la lumière qu'elle envoie vers l'instrument nous paraissant *étalée*, pour ainsi dire, sur une plus large surface, nous semble moins vive. Ainsi nous avons vu la surface de la lune, si éblouissante à l'œil nu, paraître, à travers des lunettes très-grossissantes, éclairée seulement comme le sont nos campagnes par un beau jour d'été. Et, en effet, c'est la même chose. Vue de loin, la terre, si vous vous en souvenez, la terre brille aussi; de la lune elle nous a semblé aussi lumineuse que la lune elle-même vue d'ici; à une plus grande distance encore, c'est une claire étoile à la lueur tranquille et un peu verdâtre, errant dans la nuit de l'espace. Notre terre aussi est un astre du ciel ! C'est une planète; et nous la compterons, à son rang, parmi les autres planètes, ses sœurs.

Il y a, y compris la terre, *huit planètes principales*, quatre de moyenne dimension et quatre grosses, tournant autour du soleil ; plus, une multitude de petites. Voici les noms des huit principales avec leur distance au soleil, en commençant par la plus rapprochée :

Planètes moyennes.	Mercure	à	14	millions de lieues	du soleil.
	Vénus	à	26	—	—
	La Terre	à	37	—	—
	Mars	à	55	—	—
Grosses planètes.	Jupiter	à	192	—	—
	Saturne	à	352	—	—
	Uranus	à	710	—	—
	Neptune	à	1110	—	—

Ces noms sont ceux d'anciennes divinités de la mythologie. Comme vous le voyez, la *terre* est la troisième dans l'ordre des distances, à partir du soleil. Ces huit globes tournent autour du soleil absolument comme la terre, et *dans le même sens*, décrivant chacun leur *orbite*, qui a aussi la forme d'une *ellipse*, mais d'une ellipse peu différente d'un cercle. Les plus rapprochées, bien entendu, décrivent des orbites plus petites ; les plus éloignées, des orbites immenses. De plus, il arrive que les planètes les plus voisines du soleil, qui ont moins de chemin à faire, en même temps courent plus rapidement, et que les plus lointaines, qui ont une bien plus longue route à parcourir, se meuvent plus lentement. Pour une double raison donc, ces dernières mettront un temps très-long à faire leur immense tour ; tandis que les plus rapprochées auront achevé le leur en peu de temps.

Nous venons de nommer les planètes *principales*. Il y en a d'autres. Entre l'*orbite* de *Mars* et celui de *Jupiter*, il y a un large espace de 135 millions de lieues. Eh bien, dans cet espace circule tout un essaim de petites planètes, mais toutes petites : quelques-unes ne sont pas plus grandes en surface qu un de nos départements. On a déjà découvert plus d'une centaine (169) de ces globes minimes, qui tournent absolument comme les grosses planètes. Mais si petites et si éloignées de nous, elles sont très-difficiles à apercevoir, et on ne peut les observer qu'avec des lunettes fortement grossissantes. Peut-être sont-elles des morceaux d'une grosse planète qui se serait brisée en éclats, et dont les fragments se seraient dispersés par le ciel.

Ce n'est pas tout encore. La terre a une *lune* à elle, une compagne qui la suit partout en tournoyant autour d'elle. Eh bien, notre globe n'est pas le seul qui soit accompagné ainsi. *Mars* a *deux* lunes, et *Jupiter* en a *quatre*. *Saturne* a *huit* lunes, comme huit boules jonglant autour de lui ! Nous voyons *quatre* satellites à *Uranus*; enfin *Neptune*, la plus lointaine des planètes, n'a qu'une seule lune, comme nous. Est-ce fini? Non encore. En outre des planètes, il y a, tournant autour du soleil, des astres singuliers : les comètes, qu'on ne voit que de temps en temps, et qui sont des vapeurs lumineuses errantes à travers l'espace..... Nous y reviendrons.

Nous reparlerons aussi des planètes elles-mêmes; nous les examinerons avec plus de détail, l'une après l'autre, et nous dirons les choses curieuses, surprenantes, qu'on a observées sur chacune d'elles. Pour le moment, essayons de nous faire une idée d'ensemble de tout ce groupe de globes qui tourbillonnent par le ciel autour du même astre resplendissant, formant ce qu'on nomme le SYSTÈME SOLAIRE, ce que nous pourrions appeler la *famille du soleil*.

Au centre donc, tout d'abord, l'énorme et radieux soleil, globe ardent comme un foyer, brillant comme un flambeau, rayonnant tout autour de lui la chaleur, la lu-

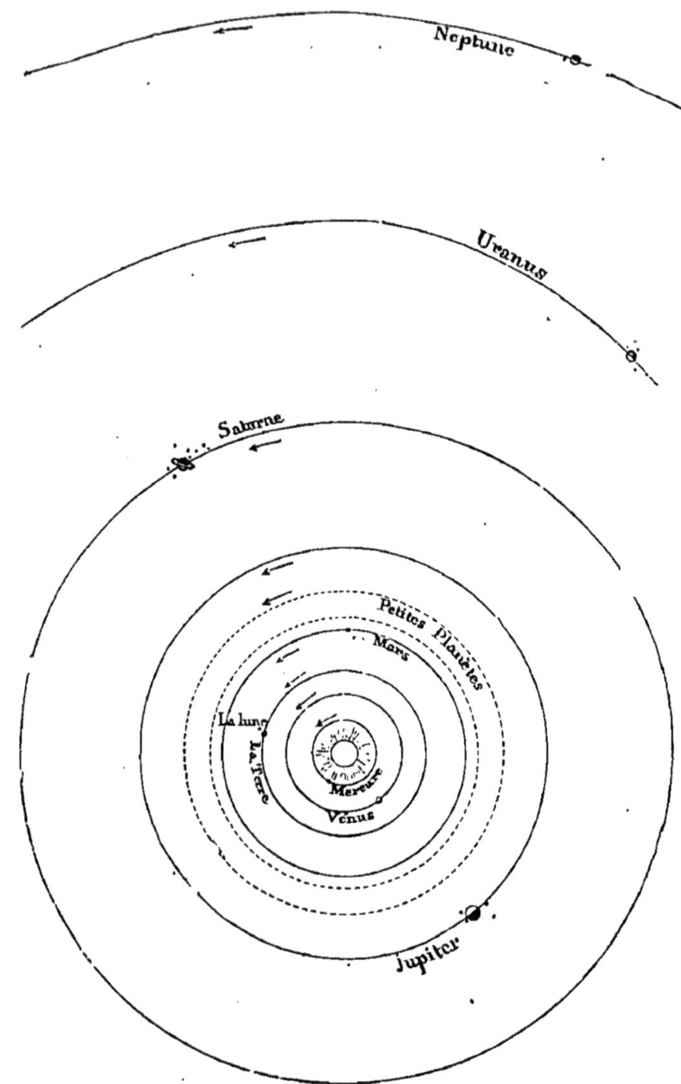

Fig. 60. — Système solaire.

mière et la vie. Autour, circulant toutes dans le même sens, deux planètes d'abord; puis, la troisième, la terre, avec sa lune qui lui fait cortége; une quatrième; et au delà, l'essaim tourbillonnant des petites planètes. Enfin, de plus en plus loin, dans le vaste ciel, quatre autres grosses planètes accompagnées de leurs satellites, tournant avec une lenteur majestueuse. Puis, à travers cet ensemble, les *comètes* vagabondes..... Mais de ces globes, il faut surtout se figurer l'immense distance, les vastes orbites. Tenez, pour mieux nous en rendre compte, nous allons imaginer une représentation en miniature du *système solaire.*

Supposons donc une vaste plaine; au milieu, une grosse sphère, d'un mètre de *diamètre*, nous figurera le soleil. Pour représenter à proportion les distances et les grosseurs des planètes, nous irons d'abord placer à 48 mètres (80 pas) de la grosse boule un grain de chènevis : ce sera pour figurer *Mercure.* Une cerise placée à 84 mètres (140 pas) représentera *Vénus.* Une autre cerise à 120 mètres (200 pas) : ce sera la terre. Pas plus gros que cela à proportion, notre pauvre globe!... Un simple petit pois, à 192 mètres (320 pas), marquera la place et la grosseur de Mars. Quant aux petites planètes, ce n'est pas la peine d'en parler : mettez, si vous voulez, quelques fins grains de sable jetés à la volée. Mais allons porter à 624 mètres, plus d'un demi-quart de lieue, une belle grosse orange, pour représenter le grand Jupiter. SATURNE sera une moyenne pomme, à 1200 mètres, plus d'un kilomètre de la boule. Éloignons-nous du double (2 kilomètres) et posons un abricot : ce sera *Uranus.* Enfin, courez jusqu'à 3 kilomètres 1/2, presque une lieue, porter *Neptune* sous la forme d'une pêche. Si de plus vous posez un grain de millet à côté de la cerise représentant la terre, quatre à côté de l'orange (Jupiter), huit auprès de la pomme (Saturne), quatre encore autour de l'abricot (Uranus) et un seul près de la pêche (Neptune), vous aurez figuré les sasellites. Et maintenant, imaginez que tout cela se mette en branle, commence à courir, à tourner autour du globe central : cette ronde fantastique nous représentera en miniature le système solaire. — Les comètes seraient de petites fusées lancées tout au travers.

L'attraction universelle. — Un instant d'attention encore. Nous avons expliqué comment la terre, grosse masse, attire vers soi toute matière : les objets solides, les liquides, l'air même, si léger. Un objet tombe : c'est la terre qui l'attire; vous lancez une balle en haut de toutes vos forces; l'*attraction* de la terre peu à peu ralentit la balle, l'arrête, et enfin la fait retomber en bas. Or, la terre n'est pas toute seule ainsi « *attirante* ». Toute masse de matière attire, et d'autant plus fortement qu'elle est plus lourde. « Alors le soleil, qui est des milliers de fois plus lourd que la terre, attire des milliers de fois plus fortement? » — « Oui. » — « La lune, qui est 80 fois plus légère que la terre, attire 80 fois moins fort? — Oui; et c'est justement là pourquoi, — vous en souvenez-vous? — nous avons trouvé tous les objets *moins pesants*, c'est-à-dire *moins fortement attirés*, sur la lune que sur la terre.

Tous les globes donc *s'entre-attirent*. Mais, naturellement, c'est le soleil, le gros soleil, qui domine tout. Cette masse énorme attire vers soi avec une force prodigieuse la terre, toutes les planètes, tout ce qui est autour d'elle enfin, jusqu'à une distance immense.

Mais alors, direz-vous, si la terre et les planètes sont si fort attirées vers le soleil, elles devraient toutes aller droit vers lui, comme la pierre qui tombe va à la terre qui l'attire. Elles devraient accourir de toutes parts, se précipiter sur le soleil, aller frapper contre, s'y briser.....

Sans doute, et c'est ce qui arriverait s'il n'y avait pas une autre cause qui les en empêche.

Faisons une petite expérience; ou plutôt vous l'avez faite cent fois; rappelez-la-vous seulement. Une pierre

Fig. 61. — ABD, cercle que parcourt la pierre; C, centre du cercle; A, point où elle est abandonnée; AF, direction qu'elle prend en s'échappant.

est attachée au bout d'une ficelle; vous la faites tourner rapidement, comme une fronde. La pierre décrit en l'air un cercle autour de votre main; votre main est au centre du cercle. Vous sentez alors, n'est-ce pas, que la pierre tire fortement la ficelle; elle semble faire effort pour s'échapper. Plus vous la faites tourner vite, plus vous êtes obligé d'employer de votre force pour la retenir. Mais si la ficelle vient à casser, ou si vous la lâchez tout à coup, la pierre s'échappe; elle est lancée au loin avec vitesse, elle fuit obliquement dans la direction où elle se trouvait lancée à l'endroit du cercle où la corde a rompu.

Tout objet qui tourne ainsi fait sans cesse effort pour s'enfuir obliquement loin du centre autour duquel il tourne : cet effort est ce qu'on appelle la *force centrifuge.*

La terre tourne autour du soleil, comme la pierre autour de la main ; elle tend donc aussi sans cesse à s'échapper, à s'enfuir loin du soleil, par l'effet de la force centrifuge. Pourquoi alors ne s'enfuit-elle pas? Pourquoi la

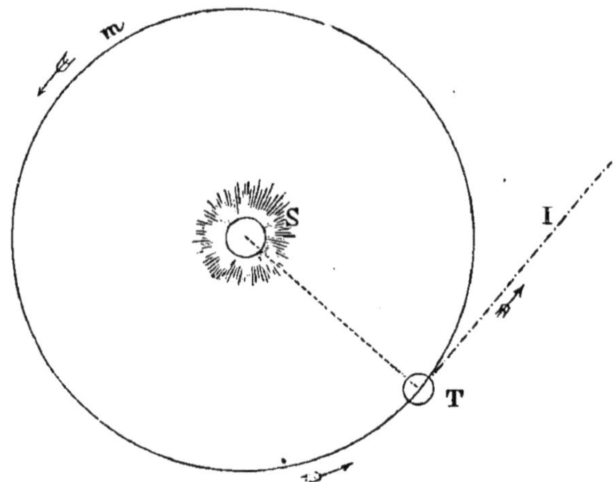

Fig. 62. — T, la terre; S, le soleil. TI, chemin que suivrait la terre en s'échappant, si le soleil ne l'attirait pas vers lui suivant TS.

pierre ne s'enfuit-elle pas, tant que la main tient la corde? Parce que la force de votre main la retient. La terre de même : *l'attraction* du soleil la retient et l'empêche d'être entraînée par la force centrifuge.

Comprenez-vous? Si l'attraction était seule, la terre

se précipiterait vers le soleil ; si la force centrifuge était seule, la terre s'enfuirait loin du soleil à travers l'espace. Ces deux forces se combattent, pour ainsi dire ; la force centrifuge empêche la terre d'aller vers le soleil ; l'attraction l'empêche de s'échapper. La terre obliquement lancée et toujours retenue, prend son chemin entre les deux ; elle est obligée de tourner, sans plus se rapprocher, sans plus s'écarter du soleil. Il en est absolument de même pour les autres planètes.

Pour une raison toute semblable les *satellites*, petites boules, tournoient à distance autour de leurs planètes, globes très gros à proportion. La lune tourne autour de la terre : par l'effet de la force centrifuge, elle s'enfuirait et irait se perdre dans le ciel ; la terre l'attire, et cette attraction la retient, l'empêche de s'échapper. — Ainsi chaque planète, chaque satellite suit sa route dans le ciel, dans l'espace vide, sans s'écarter, sans se perdre, comme si son chemin était tracé à l'avance ; tout le *système solaire* se meut sans désordre, avec un ensemble admirable, dans une régularité constante causée par le mouvement même.

TREIZIÈME LEÇON

LES PLANÈTES MOYENNES

MERCURE — VÉNUS — LA TERRE — MARS

Les quatre premières planètes du système solaire se ressemblent beaucoup entre elles; en d'autres termes *Mercure*, *Vénus* et *Mars* sont semblables en bien des choses à la terre, notre séjour. Ce sont des globes de moyenne grosseur, comme le nôtre; tandis que les *petites planètes* qui viennent après sont presque insignifiantes à proportion, et que les quatre dernières au contraire sont des mondes gigantesques. De plus, Mercure, Vénus et Mars *tournent sur elles-mêmes* comme la terre, ont des *jours* et des *nuits* à peu près de même durée que les nôtres, des *climats*, des *saisons*, une *atmosphère*... enfin la masse elle-même de ces globes est formée de *matériaux* à peu près semblables à ceux dont notre globe est construit. — Mais nous jugerons mieux des ressemblances et des différences en faisant séparément le portrait de ces astres.

Mercure. — Voici la planète la plus voisine du soleil et la moindre des quatre : elle est presque *vingt fois* (plus exactement, dix-huit fois) *plus petite* que la terre, *trois fois* plus grosse seulement que notre lune. Il faudrait seize globes semblables pour faire le poids du nôtre. Pourtant ce petit globe est hérissé de montagnes beaucoup plus élevées que les montagnes de la terre. — Sa distance au soleil, avons-nous dit, est de 14 millions de lieues (en moyenne), c'est-à-dire *deux fois et demie* moindre que

Fig. 63. Grosseurs comparées de Mercure et de la terre

celle de la terre. Cette petite planète est la plus agile de toutes : elle court si vite en suivant son *orbite*, qu'en une seconde elle fait 12 lieues : aussi en quatre-vingt-huit jours a-t-elle achevé son tour entier. En outre elle tourne sur elle-même comme la terre, et à *peu près* dans le même temps (vingt-quatre heures cinq minutes). Sur Mercure il y a donc comme ici des jours de vingt-quatre heures : la clarté et la nuit s'y succèdent comme chez nous.

Mais son *année* — je veux dire le temps de son *tour entier* — n'est que de trois mois. — Enfin *l'axe* de Mercure est *oblique* comme celui de la terre, mais bien plus encore. Eh bien, rappelez-vous ce qui résulte pour la terre de cette obliquité : les *saisons*. Il y a donc aussi sur Mercure des climats et des *saisons*; et même les différences y sont beaucoup plus grandes que sur notre terre; mais en revanche chaque saison n'y dure qu'une vingtaine de jours (vingt-deux jours).

Comme la planète est très-rapprochee du soleil, elle en reçoit une lumière éblouissante, et *sept fois* plus de chaleur que nous n'en recevons sur la terre. « Il fait donc rudement chaud, là-bas, dans Mercure! », direz-vous. —Oh oui! Pourtant, comme ce globe est entouré d'une atmosphère très-épaisse et très-chargée de nuages, cela sans doute tempère un peu l'ardeur du soleil : car vous savez par expérience combien la chaleur de ses rayons est affaiblie quand notre ciel —je veux dire notre atmosphère— est couvert de nuages.

Cependant les habitants de Mercure.... — « Eh quoi? des habitants dans Mercure? » — Peut-être. Pourquoi non? Nous n'en savons rien; mais cela n'est pas impossible. Seulement *s'il y a des êtres vivants* dans ce pays de chaleur torride, il faut qu'ils soient organisés d'une façon particulière pour y résister, et tout autrement que nous.

En tournant autour du soleil, Mercure, vu de la terre, paraît passer tantôt d'un côté de l'astre, tantôt de l'autre, mais sans jamais s'en éloigner beaucoup. C'est pourquoi cette planète est très-difficile à apercevoir. Se tenant toujours près du soleil, c'est pendant le jour qu'elle est sur l'horizon; et alors les puissants rayons de l'astre brillant effacent le pâle reflet de la pauvre petite planète, la rendent invisible. Pourtant on peut l'observer lorsqu'elle est le plus écartée du soleil en apparence, d'un côté ou de l'autre. Alors on l'aperçoit un peu après le coucher du soleil, dans la lueur rosée du *crépuscule*, comme une petite étoile pâle : une ou deux heures après, elle est déjà couchée. On peut aussi l'apercevoir le matin, une heure environ avant le lever du soleil, quand elle est de l'autre côté de l'astre par rapport à nous. Mais bientôt l'éclat de l'aurore l'efface; elle se noie dans la clarté grandissante du jour. — Les anciens, qui la voyaient ainsi tantôt le matin, tantôt le soir, crurent d'abord voir deux *étoiles* distinctes; mais bientôt on reconnut que

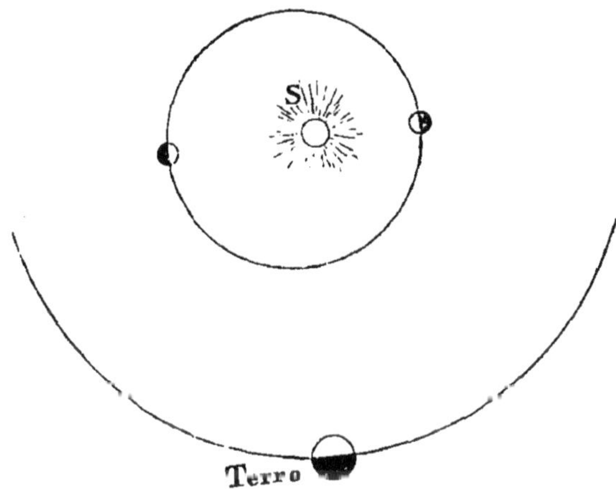

Fig. 64. — Orbite de Mercure. La planète, vue de la terre, apparaît tantôt d'un côté du soleil, tantôt de l'autre.

c'est en réalité une même *planète*, qui semble tantôt suivre, tantôt précéder le soleil.

Dans son voyage autour du soleil, Mercure alternativement s'éloigne et se rapproche de la terre : il doit donc paraître tantôt plus grand et tantôt plus petit. Mais pour en juger il ne suffit pas de nos yeux, qui ne voient jamais la planète que comme un petit point lumineux; il faut l'observer avec une lunette. Et alors on s'aperçoit que Mercure a des *phases* absolument comme la lune. Parfois il se montre comme un croissant, d'autres fois comme un demi-cercle; d'autres fois il nous présente un cercle entier. Cela suffit déjà pour prouver que Mercure n'est pas *lumineux par lui-même*, et ne brille que par le reflet de la lumière du soleil. Du reste l'explication de ces phases

Fig. 65. — Phases de Mercure, vues au télescope.

est bien simple, et semblable à celle des phases de la

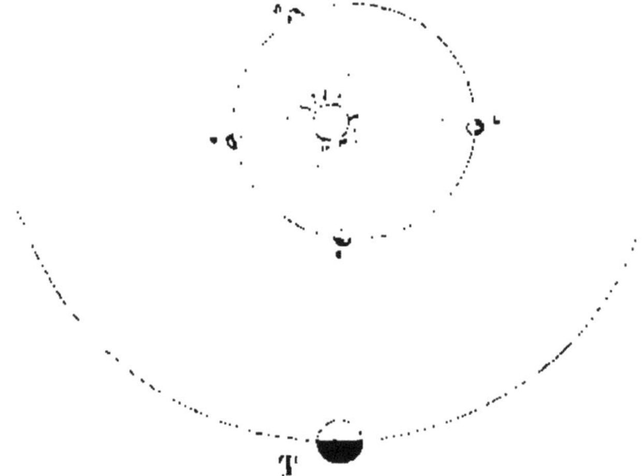

Fig. 66. — Explication des phases de Mercure.

lune. Une moitié seulement du petit globe reçoit les

rayons du soleil; en tournant autour de cet astre, la planète nous montre tantôt son côté éclairé (quand elle est à l'opposé du soleil, en *a*), tantôt son côté obscur (quand elle est entre nous et le soleil, en *c*), tantôt partie de l'un et partie de l'autre (*b*, *d*).

Parfois une chose curieuse arrive : la planète passant entre le soleil et nous (fig. 66, position *c*) se trouve juste sur la même ligne : alors on la voit (par son côté obscur) comme une *petite tache noire* (fig. 67) qui passe sur le disque du soleil, et traverse d'un côté à l'autre. C'est un phénomène semblable à une *éclipse* du soleil caché par la lune; mais ici la planète est trop petite et surtout

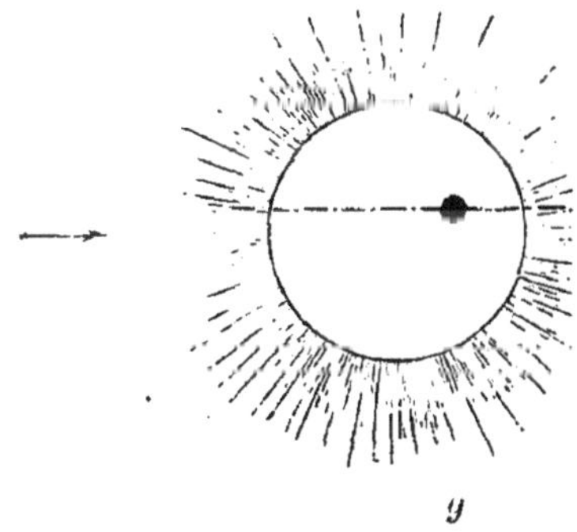

Fig. 67. — Passage de Mercure sur le soleil. La ligne ponctuée indique le chemin que la planète semble parcourir; la flèche, sa direction.

trop éloignée pour cacher le soleil en passant : elle ne fait qu'un petit point sombre à sa surface, comme serait un pain à cacheter noir sur un grand disque de papier. C'est ce phénomène qu'on appelle le *passage de Mercure sur le soleil.* Il se produira en 1881. Mais le plus souvent la planète passe non pas juste sur la ligne qui va de nous au soleil, mais un peu au-dessus (*f*) ou un peu au-dessous (*g*) et alors le *passage* n'a pas lieu.

Vénus.—Vénus, la seconde planète, plus éloignée du soleil que Mercure, est plus facile à observer. Vue de la terre, elle paraît aussi, en décrivant son orbite, passer d'un côté du soleil (fig. 68, *a*), puis de l'autre (*c*), mais en s'écartant davantage.

Lorsqu'elle en est assez éloignée, nous la voyons au ciel comme une étoile brillante, tantôt le soir, vers l'occident, après le coucher du soleil, tantôt le matin; à l'orient, avant l'aube. Les Anciens avaient encore cru voir deux

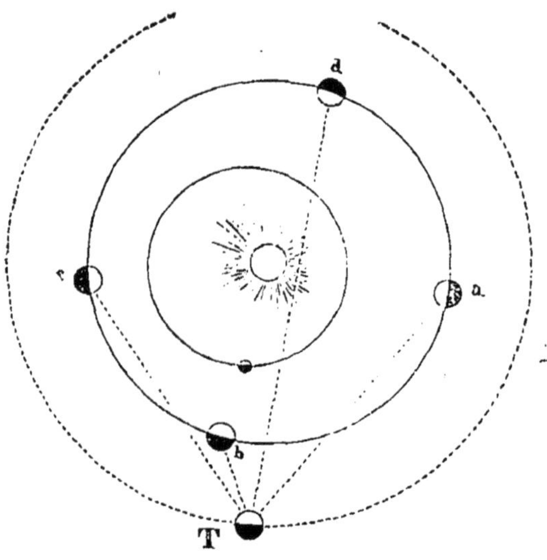

Fig. 68. — Diverses positions de Vénus par rapport au soleil et à la terre, produisant les phases et les différences de distance. (Le petit globe placé plus près du soleil est Mercure.)

étoiles différentes; ils rappelaient *Lucifer*, c'est-à-dire *porte-lumière*, quand on la voyait le matin, et *Vesper*, c'est-à-dire *l'étoile du soir*, lorsqu'ils la voyaient briller après le soleil couché.

Mais on s'aperçut enfin que ce ne sont pas en réalité deux étoiles, mais une seule et même *planète*, qui tantôt précédant le soleil se lève avant lui, tantôt le suivant demeure encore sur l'horizon quand il est déjà couché. Peut-être avez-vous admiré sa clarté vive et blanche, tranquille ordinairement, et non pas tremblotante comme celle des étoiles. La première elle s'allume dans le

Fig. 69. — Vénus, en croissant, vue au télescope.

Fig. 70. — Vénus en quartier, vue au télescope.

crépuscule du soir; la dernière elle est effacée par l'éclat de l'aurore. Depuis des siècles elle a porté le *nom gracieux d'étoile du berger;* et les anciens, frappés de son éclat, lui donnèrent le nom de leur plus belle divinité.

Pourtant cette vive lueur n'est qu'un reflet de la lumière du soleil; et la preuve, c'est que Vénus aussi offre des *phases* comme Mercure.

De plus, en tournant dans son orbite, elle s'approche tantôt, et tantôt s'éloigne de nous : ce qui fait qu'elle paraît plus grosse ou plus petite. Quand elle est presqu'à l'opposé du soleil, elle nous apparaît en plein : mais à ce moment elle est plus éloignée de nous; d'autres fois elle se montre sous la forme d'un demi-cercle, ou sous celle d'un croissant effilé. Quand elle passe entre nous et le soleil, elle ne nous montre plus que son côté obscur, et alors nous ne pouvons l'apercevoir ; à moins qu'elle ne se trouve passer juste en face, ni *trop haut ni trop bas* ; dans ce cas on la voit passer devant le soleil comme une petite tache ronde et noire qui glisse d'un côté à l'autre du disque radieux. C'est le *passage de Vénus sur le soleil*, tout semblable au *passage de Mercure* ; on a pu l'observer en 1874, et on le verra encore en 1882.

Vénus, comme vous le voyez, ressemble beaucoup à

Fig. 71. — Vénus, en son plein, vue au télescope.

Mercure; mais bien plus encore elle ressemble à la terre. Ce globe est à peu près aussi gros que le nôtre, opaque, un peu plus léger cependant, formé de roches à peu près semblables aux nôtres. Il a d'énormes chaînes de mon tagnes. Il a, comme la terre, une atmosphère où flottent aussi des nuages. Comme la terre, en avançant dans son orbite, il *tourne sur lui-même,* et à peu près dans le même temps (vingt-trois heures et demie au lieu de vingt-quatre), ce qui lui fait des jours et des nuits semblables aux nôtres. Vénus a des *climats* plus ardents vers son *équateur*, plus froids à ses *pôles*. Son axe est aussi incliné, de même que celui de la terre, et il en résulte pour elle des *saisons* comme les nôtres. Seulement, comme son orbite est moins longue à parcourir, la planète allant d'ailleurs plus vite que la terre, *son année* (je veux dire le temps d'un tour complet) n'est que de sept mois et demi au lieu de douze. Mais comme elle est à moindre distance du soleil que la terre, la chaleur qu'elle en reçoit est environ deux fois plus forte.

Il n'est donc pas impossible qu'il n'y ait sur Vénus des êtres vivants, des *habitants* convenablement organisés pour y vivre. Le fait est même plus que probable, car la planète Vénus est une *terre* pareille à la nôtre.

Supposons que ces êtres, *pensants*, *raisonnables* comme nous, observent et réfléchissent. Alors il est naturel, n'est-ce pas, d'imaginer qu'ils contemplent le ciel. Ils voient briller dans la nuit comme une petite étoile, la troisième planète.... la TERRE. — Examinent-ils ses aspects? Essayent-ils de calculer son volume, son poids? Nous lorgnent-ils avec quelque instrument de forme étrange? — Qui sait? Peut-être discutent-ils entre eux si *cette planète peut être habitée*, quels peuvent être les habitants, et font-ils mille suppositions bizarres sur notre compte. Peut-être aiment-ils à nous imaginer meilleurs et plus heureux que nous ne sommes, et se font-ils de la terre une idée bien plus belle que la réalité!...

Mais ne revenons pas sur la terre : assez longuement nous en avons parlé. Observons par une nuit claire comme une étoile errante, rougeâtre, MARS, la dernière des *planètes moyennes*. — *Mercure* et *Vénus* sont appelées les planètes *intérieures*, parce qu'elles tournent *en dedans* de l'orbite de la terre; Mars, situé au delà, est la première des planètes *extérieures*, c'est-à-dire situées *en dehors* de l'orbite terrestre.

Mars. — Mars, qui se tient à 55 millions de lieues du soleil, a plus de chemin à faire que la terre, et en même temps avance plus lentement : il met environ deux ans (un an et onze mois) à parcourir son orbite. En voyageant à travers le ciel, il tourne sur lui-même en vingt-quatre heures et demie; son axe est incliné aussi, comme celui

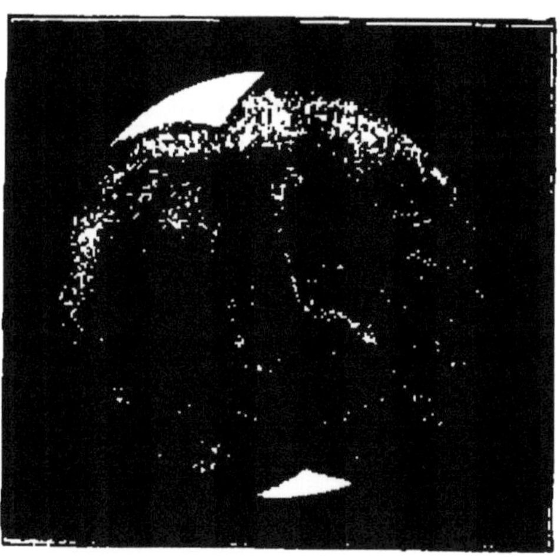

Fig. 72. — Mars vu au télescope, avec les taches blanches formées par les neiges de ses pôles.

de la terre. *Mars* est moitié plus petit que notre globe en diamètre; mais d'ailleurs il offre avec lui d'étonnantes ressemblances.

Il a aussi une atmosphère où flottent des nuages, où soufflent des vents. Avec les lunettes des astronomes, on y aperçoit des continents, des mers : on a pu en tracer la carte. Il a des jours et des nuits à peu près semblables aux nôtres; mais la lumière du soleil y est deux fois moins vive et sa chaleur deux fois moins forte que sur la terre. Mars a des *saisons* comme les nôtres, mais deux fois plus longues, puisque son *année* est double. Il a, enfin, des *climats* différents, des pays chauds à son *équateur*, des régions glacées autour de ses *pôles*. D'ici on aperçoit les neiges entassées qui blanchissent ces *régions polaires;* on les voit fondre en partie à la saison chaude, sous la chaleur du soleil, s'étendre et s'amonceler durant la saison froide. Il y a sans aucun doute, sur Mars, des végétaux; des animaux probablement aussi. Mais la teinte rougeâtre qu'on aperçoit sur les continents fait penser que là-bas la *végétation*, au lieu d'être verte comme chez nous, pourrait bien être *rouge*... Vous figurez-vous des arbres à feuilles rouges, des bois rouges, des prairies rouges! — Mais à cela près, le *monde* de Mars, si nous nous y trouvions transportés tout à coup, ne nous paraîtrait pas, sans doute, bien différent du nôtre. Ses habitants, s'il y en a, pourraient donc nous ressembler d'une singulière façon.

Vu d'ici, avons-nous dit, Mars offre l'apparence d'une petite étoile rougeâtre, plus brillante quand il se trouve passer près de la terre (fig. 73, 1re position), plus faible quand, en parcourant sa grande courbe, il s'est éloigné de nous (n° 4). Mais Mars ne peut pas avoir de *phases* comme celles de Mercure et de Vénus; car tournant en dehors de l'orbite de la terre il nous présente toujours à peu près en face son côté éclairé : jamais non plus il ne passera *devant le soleil.* Et pour la même raison encore, au lieu de paraître passer successivement d'un côté et de l'autre du soleil comme les *planètes intérieures*, nous le voyons faire autour de nous tout le tour du ciel. — Il

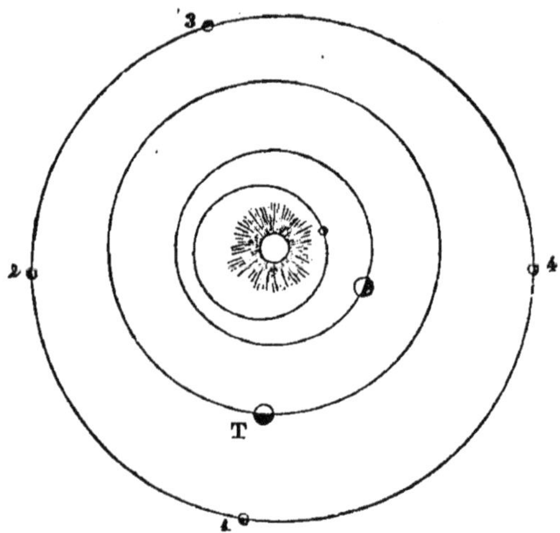

Fig. 73. — Orbite de Mars et ses positions par rapport à la terre T. (Les deux autres planètes situées plus près du soleil que la terre sont Vénus et Mercure.)

en est naturellement de même pour toutes les autres *planètes extérieures*.

La planète Mars a deux satellites, très-petits, très-difficiles à apercevoir, qui ont été découverts en 1877.

QUATORZIÈME LEÇON

LES GROSSES PLANÈTES

Jupiter. — Au delà de l'orbite de *Mars*, on rencontre d'abord l'essaim tourbillonnant des *petites planètes*, astres nains, qui ne comptent que par leur nombre (194). Ne nous y arrêtons pas. Traversant leur région, nous arrivons à la plus grosse planète de tout le *système solaire*, celle à qui les anciens ont donné le nom du maître de leurs dieux, comme pour exprimer qu'elle était reine et maîtresse parmi les astres qui circulent autour du soleil : JUPITER.

C'est un globe énorme, treize cents fois plus gros que la terre. Figurez-vous la boule qu'on ferait avec 1300 terres pétries ensemble !... Jupiter est à 192 millions de lieues du soleil, environ cinq fois plus loin que la terre. Il a de même cinq fois plus de chemin à parcourir ; et son année est douze fois plus longue que la nôtre. Mais tout en avançant dans son orbite, l'énorme boule roule sur elle-même et beaucoup plus rapidement que la terre : elle fait son tour entier (rotation) en moins de dix heures (neuf heures cinquante-cinq minutes). Les jours et les nuits de Jupiter sont donc bien plus courts que les nôtres.

Son axe n'est presque pas incliné. Il s'ensuit, tout d'abord, que les jours y sont toujours égaux aux nuits: cinq heures de lumière, cinq heures d'obscurité. Ses climats sont *constants*, et la chaleur diminue régulièrement de son *équateur* vers ses pôles. Pas de saisons : il n'y a ni été ni hiver sur Jupiter, et la planète est toute l'année dans la même condition que la terre au printemps. Mais ce

Fig. 74. — Jupiter vu au télescope.

printemps perpétuel de Jupiter serait pour nous un hiver effroyable,—car la chaleur du soleil, à cause de la distance plus grande, y arrive vingt-cinq fois moins forte que sur la terre ; — à moins pourtant que quelque autre source de chaleur ne réchauffe la planète : ce qui est bien possible et même assez probable, car on voit au télescope des nuages et des vapeurs qui ne peuvent se produire qu'à un certain degré de chaleur. Si donc il y a des *habitants* sur Jupiter, ils doivent être tout autrement organisés que nous et que les habitants qui pourraient vivre sur Mars, Vénus et Mercure.

L'immense globe est, comme la terre, entouré d'une atmosphère où flottent des nuages; et ces nuages se voient d'ici, à travers les lunettes, comme des *bandes* grisâtres. Mais ce que *Jupiter* a de plus remarquable, ce sont les *quatre satellites* qui l'accompagnent à travers le ciel, tournant autour de lui comme la lune autour de la terre. Ainsi les habitants de Jupiter, — s'il y en a, — voient quatre lunes brillant dans leurs nuits!

Vu de la terre, Jupiter semble une belle étoile d'une clarté blanche et tranquille, presque aussi brillante que *Vénus;* mais quand on le regarde avec une lunette fortement grossissante, on voit la planète comme un petit disque tout rayé de bandes parallèles (qui sont les bandes de nuages de son atmosphère). En même temps on aperçoit auprès d'elle, comme quatre petits points brillants, ses quatre satellites.

Eh bien, croiriez-vous que ces quatre petites lunes, si loin de nous qu'à l'œil nu nous ne pouvons les voir, nous ont rendu de grands services? Comment cela? Je vais vous l'expliquer. Le premier qui les aperçut fut un grand astronome nommé Galilée (en 1610), qui les découvrit en dirigeant vers le ciel étoilé une *lunette*, instrument merveilleux qu'on venait d'inventer alors. Il vit ces petits globes tourner autour du gros; et cela servit d'exemple pour faire comprendre comment la terre et les autres planètes tournent autour du soleil : car à cette époque beaucoup de gens routiniers et têtus refusaient encore d'y croire, et soutenaient que le soleil, au contraire, tourne autour de nous.

En circulant autour de Jupiter, les satellites se trouvent souvent passer dans l'ombre que la planète fait derrière elle; et alors ils sont *éclipsés*, exactement comme la lune lorsqu'elle passe dans l'ombre de la terre. Quand un satellite de Jupiter s'éclipse, on voit d'ici le petit point brillant s'éteindre tout à coup pour se rallumer au moment où le petit globe sort de l'ombre. Or ce phénomène curieux nous a conduit à une importante découverte : à *mesurer la vitesse de la lumière!* Suivez bien ceci : la chose en vaut la peine.

Quand la terre, en décrivant son orbite, se trouve *du même côté du soleil* que Jupiter, elle est plus rapprochée de cette planète que quand elle est à l'opposé, *de l'autre*

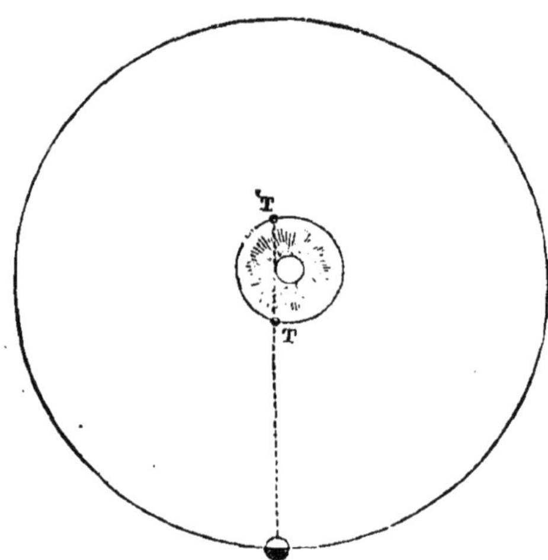

Fig. 75. — Différence de distance entre Jupiter et la terre, suivant la position de la terre dans son orbite. T, position où la terre est le plus près; T′, position où elle est le plus loin; TT′, différence de distance que la lumière a à parcourir en plus dans le second cas.

côté du soleil, n'est-ce pas? De combien est la différence? De toute la largeur de l'orbite de la terre (le *diamètre* de T en T′), c'est-à-dire du double de la distance de la terre au soleil : 74 millions de lieues. — Bien.

Connaissant parfaitement le temps que chaque satellite de Jupiter met à faire son tour, vous comprenez qu'on ait pu calculer *exactement* à quel moment il doit passer dans l'ombre. Or on observa que, quand la terre est plus éloignée de Jupiter, les éclipses paraissent toujours en retard de quelques minutes. Pourtant le mouvement des satellites n'a pas changé : comment cela peut-il se faire, se dit-on.

Alors on se mit à réfléchir que la *lumière*, pour venir de là-bas jusqu'à nous à travers l'espace, doit mettre un certain temps, et d'autant plus longtemps que la distance est plus grande.

Imaginez, par exemple, le moment où le satellite sort de l'ombre et entre dans l'espace éclairé par le soleil. Au moment même il renvoie la lumière ; le rayon est lancé, part pour venir vers nos yeux. Il a beau aller vite, il lui faut toujours un certain temps, disons-nous. Au moment où le rayon arrive à notre œil, nous *voyons* le satellite recommencer à briller. Mais si la terre est à 74 millions de lieues plus loin, la lumière aura 74 millions de lieues de plus à parcourir, elle arrivera donc plus tard que quand elle n'a pas ce surplus de route à faire : chose toute simple. Et la différence, le retard, ce sera justement le temps qu'elle aura mis à faire les 74 millions de lieues en plus. Or ce retard est d'environ *un quart d'heure*. En faisant le calcul, très-simple désormais, on trouve que la lumière traverse les espaces vides du ciel avec une vitesse de 75 000 lieues par seconde, — vitesse effrayante, inimaginable ! — Il lui faut huit minutes et demie environ pour nous venir du soleil ! 37 millions de lieues en huit minutes et demie !

Saturne. — Tel est le *monde* de Jupiter. *Saturne*, qui vient après, est plus merveilleux encore.

Il est moins énorme que Jupiter : huit cent soixante-quatre fois seulement plus gros que la terre. C'est déjà une belle taille. A la distance très-grande où il est du soleil (352 millions de lieues, avons-nous dit), il décrit son orbite immense avec une vitesse de deux lieues et un quart par seconde : c'est trois fois moins vite que la terre. Aussi met-il trente ans à achever son grand voyage : *une année* de Saturne vaut trente de nos années. Mais en revanche il tourne sur lui-même en dix heures un quart seulement ; en sorte que ses jours sont beaucoup plus courts que les nôtres. Son axe étant *incliné*, Saturne a des *saisons ;* et chacune dure plus de sept ans... De plus, pour avoir une idée de ce que peuvent être ces saisons, il faut savoir que

Fig. 75. — Saturne vu au télescope avec son anneau et ses satellites.

la chaleur du soleil s'y fait sentir quatre-vingt-dix fois plus faible que sur la terre. Si donc il y a des êtres vivants sur Saturne, et *si rien autre chose ne les réchauffe que les rayons du soleil*, il faut qu'ils soient organisés d'une façon tout à fait singulière pour supporter un pareil froid.... On frissonne, rien que d'y penser !

Mais ce qu'il y a de plus extraordinaire dans Saturne, c'est qu'il est entouré d'un immense *anneau*, qui environne le globe de toutes parts sans y toucher. — Prenez une pomme ou une orange ; découpez dans une feuille de papier un anneau rond, d'un centimètre de largeur, et plus grand que le fruit ; soutenez-le autour de la pomme, à mi-hauteur, et de telle sorte qu'il n'y touche de nulle part : vous aurez une représentation assez fidèle de Saturne et de son anneau.

Cet anneau immense qui entoure la planète, en face de son équateur, est en effet plat et mince à proportion. Il n'a qu'une cinquantaine de lieues d'épaisseur, — peu de chose ! Mais sur le *plat*, au contraire, il est tellement large que la terre y pourrait rouler à l'aise comme un boulet sur un sentier : 12 000 lieues de largeur ! Entre lui et le globe il y a encore un intervalle de 8000 lieues.

Ce n'est pas tout. Cet anneau merveilleux n'est pas simple, mais *triple :* partagé en trois, non pas suivant son épaisseur, mais suivant sa largeur. C'est comme trois anneaux de plus en plus grands, laissant encore entre eux un petit intervalle. Comme le globe lui-même, l'anneau brille par le reflet de la lumière du soleil, qui en éclaire tantôt une face, tantôt l'autre.

Saturne, avec son anneau avance *très-penché* sur son orbite ; de la terre nous ne pouvons jamais voir l'anneau en plein, de face : nous ne le voyons qu'*obliquement ;* et alors il nous paraît *ovale*. Un cercle, une bague, une roue, vus obliquement, paraissent ovales de même, comme vous pouvez le vérifier. Vu du globe de Saturne, l'anneau doit produire, pendant la nuit, l'effet d'un immense arc-en-ciel, d'une lumière *blanche* et vive, s'élevant comme une arche de pont dans l'espace.

En outre de cet anneau, Saturne possède *huit lunes* qui tournoient autour de lui.

Vue à l'œil nu, la planète nous paraît comme une simple étoile, assez vive ; on ne distingue aucunement l'anneau, ni les satellites. Pour les apercevoir il faut regarder l'astre à travers un bon télescope.

Uranus. — Saturne est la dernière et la plus lointaine des *planètes connues des anciens*. Mais il y a déjà plus d'un siècle, en 1781, William Herschel, astronome hanovrien émigré en Angleterre, essayant de compter les étoiles dans un petit coin du ciel avec son grand *télescope*, aperçut comme une petite étoile qui lentement changeait de place. Il reconnut que c'était une planète, tournant bien au delà de Saturne. On lui a donné le nom d'*Uranus* : encore un dieu des anciens.

Uranus a quatre satellites. Il est presque invisible pour nos yeux, tant il est lointain. Pourtant c'est un globe de grosseur respectable : soixante-quinze fois plus gros que la terre. Sa distance au soleil est de 700 millions de lieues, et la vitesse de sa marche n'est pas tout à fait de deux lieues par seconde : il met quatre-vingt-quatre ans à décrire son orbite entière. On n'a pas encore pu constater en combien de temps il tourne sur lui-même. La chaleur et la lumière du soleil y sont trois cent soixante fois moins fortes que sur la terre.

Neptune. — Enfin on a découvert une autre planète, beaucoup plus lointaine encore ; et celle-là, ce n'est pas par hasard qu'on l'a aperçue ; c'est par le calcul qu'elle a été découverte. N'est-ce pas extraordinaire ? Par un raisonnement dont nous ne pouvons pas vous donner une idée, en 1846, un astronome français, M. Le Verrier, devina, pour ainsi dire, qu'*il devait y avoir* une autre planète que celles que l'on connaissait. Il calcula où elle devait être..... et sans regarder autre chose que ses chiffres sur son papier, il dit : « Elle doit être dans tel endroit du ciel ; regardez-y, vous la verrez. » On regarda ; on la vit en effet là où il avait dit. On eut même de la peine à l'apercevoir, tant elle est lointaine et paraît petite. On lui donna le nom de *Neptune*. A 1110 millions de lieues du soleil, ce globe, quatre-vingt-cinq fois plus gros que la terre, est absolument invisible sans lunette. Il fait son tour en cent soixante-cinq ans; ou si vous voulez, une année de Neptune vaut cent soixante-cinq années terrestres. Chaque saison y dure quarante et un ans. Vu de *Neptune*, le soleil ne paraîtrait plus que comme une grosse étoile, mais radieuse, éblouissante, au milieu d'un ciel noir. La lumière qu'il envoie sur la planète est neuf cents fois plus faible que celle qu'il donne à la terre; le jour, sur Neptune, est presque aussi sombre que la nuit. La chaleur du soleil y arrive aussi neuf cents fois moins forte qu'ici : ce doit être un froid dont nous ne pouvons nous faire une idée; et il nous est difficile d'imaginer quelles sortes d'êtres pourraient vivre dans ce monde obscur et glacé.

Neptune a un seul satellite, comme la terre (1).

(1) Pour bien se fixer dans l'esprit l'ensemble du système solaire, apprendre avec soin le tableau de la page suivante, surtout la colonne des distances.

		DIMENSIONS comparées à celles de la Terre.	DISTANCE au SOLEIL.	DURÉE DE LA RÉVOLUTION autour du Soleil.	DURÉE DE LA ROTATION sur l'axe.	NOMBRE de SATELLITES.
	SOLEIL	1 280 000	»	»	25 jours 1/2	»
PLANÈTES intérieures.	MERCURE............	18 fois plus petit......	14 millions.......	88 jours............	24 heures 5 minutes	0
	VÉNUS...............	De même grosseur....	26 millions.......	7 mois 1/2..........	23 h. 21 m.	0
	LA TERRE............	»	37 millions.......	365 jours 1/4.......	24 h............	1
PLANÈTES extérieures.	MARS................	6 fois 1/2 plus petit...	55 millions.......	1 an 11 mois........	24 h. 37 m.......	2
	LES PETITES PLANÈTES..	Très-petites..........	Entre 81 millions et 130 millions.	Entre 3 ans et 6 ans	»	0
	JUPITER..............	1300 fois plus gros....	192 millions......	12 ans.............	9 h. 55 m........	4
	SATURNE..............	864 fois plus gros....	352 millions......	30 ans.............	10 h. 15 m........	8 et un anneau
	URANUS...............	75 fois plus gros.....	710 millions......	84 ans.............	Inconnue.........	4
	NEPTUNE	85 fois plus gros que la terre.	1140 millions de lieues.	165 ans............	Inconnue.........	1

QUINZIÈME LEÇON

LES COMÈTES

Parfois il apparaît au ciel des astres singuliers dont l'aspect extraordinaire attire l'attention de tout le monde. Ces soirs-là, des gens qui ne se donnent jamais la peine de regarder les étoiles lèvent les yeux en haut, et on s'aborde en se disant : « Avez-vous vu la comète ? »

Un objet curieux, en effet, et qui a bien quelque chose de bizarre. Figurez-vous, dans le ciel étoilé de la nuit, comme une longue traînée de lumière. A l'une des extrémités la lueur est plus resserrée et plus vive : c'est la *tête* de la comète. On y distingue comme une grosse étoile pâle, diffuse, nuageuse, que l'on appelle le *noyau;* autour, une sorte d'*auréole* vaporeuse, d'une lumière plus faible, qui est la *chevelure ;* de là le nom de comète, qui en grec signifie *astre chevelu.* Enfin la traînée de lumière qui part de la tête et va s'étalant, mais de plus en plus pâle, se nomme la *queue* de la comète.

Tel est l'aspect qu'offrent le plus souvent les comètes, du moins lorsqu'elles brillent dans tout leur éclat. Mais toutes ne sont pas semblables, comme vous allez le voir ; et de plus une même comète pendant le temps qu'elle reste visible change souvent beaucoup dans son apparence. Le plus ordinairement, quand on *découvre* — c'est-à-dire quand on commence à apercevoir une comète dans le lointain de l'espace, elle est toute petite, à peine visible, et dépourvue de queue. Mais à mesure qu'elle approche du soleil et de nous, elle paraît grandir rapidement, et devient de plus en plus brillante. Sa *queue* se forme, s'allonge, s'étend quelquefois démesurément, devient immense !

Fig. 77. — Comète vue au ciel à l'œil nu.

Chaque nuit la comète paraît plus belle et plus radieuse : c'est alors que tous la contemplent et l'admirent. En même temps elle voyage à travers le ciel ; en effet, on observe chaque soir qu'elle a changé de place. Mais bientôt elle va décroître et pâlir. Elle s'éloigne, elle diminue ; sa queue paraît s'amincir et s'effacer. Pendant quelques semaines encore les astronomes pourront la suivre avec leurs lunettes. Enfin on la perd de vue dans l'immensité du ciel où elle va s'enfonçant.

Toutes les comètes, avons-nous dit, ne se ressemblent pas. Les unes se *montrent avec une queue magnifique*.

Fig. 78. — Tête d'une comète vue au télescope.

d'autres *en ont une courte et pâle*. On en a vu qui avaient *plusieurs queues* disposées en éventail ; mais beaucoup, tout au contraire, *n'en ont pas du tout*, et n'offrent l'apparence que d'un petit nuage brillant, ou, si vous voulez, d'une étoile vue à travers le brouillard. Il y a des comètes qui sont petites, à peine visibles, et ne sont observées que des astronomes ; c'est même de beaucoup le plus grand nombre. Mais il en est qui deviennent magnifiques et sont admirées de tout le monde. Parmi les plus belles qui sont apparues, signalons seulement celle de 1858, celle de 1861 et celle de 1862, que peut-être

Fig. 79. — Grande comète à plusieurs queues, vue à l'œil nu, en 1861.

vous-mêmes avez vues, et dont certainement beaucoup de personnes ont gardé le souvenir.

Qu'est-ce donc qu'une *comète* ?

C'est un astre errant tout à fait différent d'une planète. Une planète est un globe solide, ou du moins pesant, massif ; la comète est formée de gaz, de vapeurs transparentes et lumineuses, plus légères que l'air que nous respirons. Figurez-vous comme un nuage excessivement léger et *diaphane*, voyageant à travers l'espace du ciel comme les nuages glissent dans les hauteurs de l'atmosphère. Mais

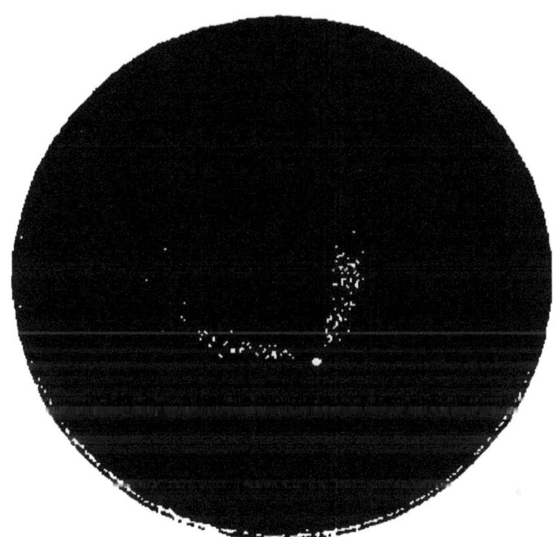

Fig. 80. — Petite comète sans queue, vue au télescope (comète de Encke, invisible à l'œil nu, revenant tous les trois ans.)

imaginez-le bien plus léger encore : car à travers ces vapeurs lumineuses qui forment la comète, *on aperçoit les étoiles*.... et vous savez que le moindre nuage passant dans l'air nous les cache, que le plus faible brouillard voile leur éclat. — Si dans l'espace du ciel il y avait de l'air, ces vapeurs ne pourraient y circuler ; mais comme il est absolument vide de toute *matière*, elles le traversent sans résistance.

Mais si cette vapeur est si légère qu'un souffle la ferait évanouir et la disperserait dans l'espace, par contre elle occupe quelquefois une immense étendue dans le ciel.

Ainsi une belle comète qui a paru en 1811 avait un noyau

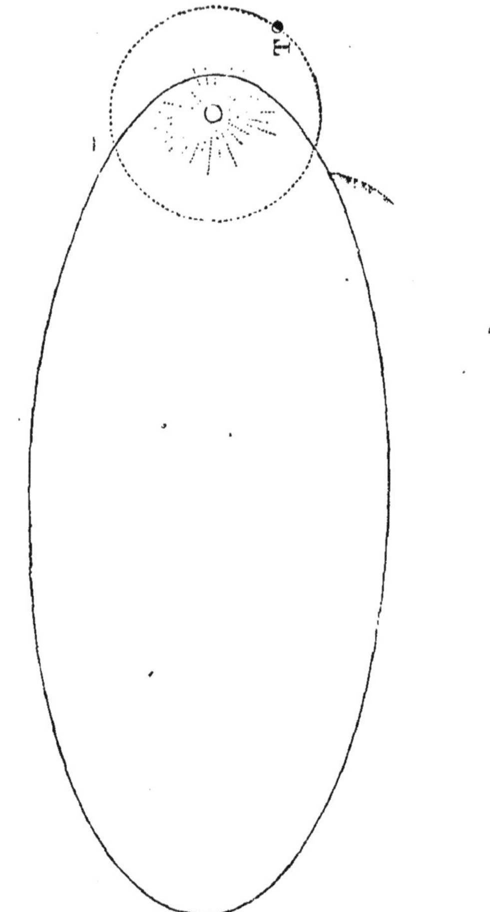

Fig. 81. — Orbite d'une comète en forme d'ellipse très-allongée. T, terre.

de 171 lieues de diamètre, et sa *chevelure* s'étalait à plus de 225000 lieues à l'entour. Quant à sa queue, elle s'étendait dans le ciel sur une longueur énorme de 45 millions de lieues : c'est plus qu'il n'y a d'ici au soleil !

Autre différence entre ces astres et les planètes. Tandis que les planètes *circulent* autour du soleil en suivant des *orbites* à peu près rondes, les comètes, au contraire, tournent autour du soleil en suivant des *ellipses* (ovales) extrêmement allongées, de telle sorte que tantôt elles passent assez près du soleil, tantôt s'en éloignent à une distance très-grande. Il y a même beaucoup de comètes qui *décrivent* une orbite si allongée, vont si loin, si loin — bien au delà de la plus éloignée des planètes — si loin, qu'elles ne reviennent qu'après des milliers d'années; ou même ne reviennent plus du tout, et *se perdent* dans la profondeur infinie du ciel : on ne les revoit plus. Et ce sont ordinairement les plus belles. Ainsi la belle comète qui a paru en 1811 ne reviendra que dans 3000 ans environ. Et il en est d'autres qui ont passé tout près de nous, ont été vues très-brillantes à leur passage, et auxquelles il faut dire adieu : le chemin qu'elles suivent ne les ramènera jamais.

Remarquez bien, en effet, qu'une comète ne devient visible que quand elle passe assez près du soleil. Alors cette vapeur légère se *dilate*, s'agrandit et s'échauffe, et brille en reflétant la lumière de l'astre comme un petit nuage blanc brille dans l'air quand le soleil l'éclaire vivement. C'est donc seulement alors, tandis qu'elle parcourt la partie de son orbite la plus rapprochée du soleil que la comète nous apparaît. Pendant tout le reste de son immense voyage ce n'est plus qu'un petit nuage obscur, une vapeur invisible errante à travers l'espace froid et noir : elle disparaît pour nos yeux.

Il y a un très-grand nombre de comètes : des petites surtout. Chaque année les astronomes en observent deux ou trois; mais les grandes sont beaucoup plus rares.

Quand on a vu briller une comète à son passage près du soleil, peut-on savoir si elle reviendra? peut-on *prédire* l'époque de son retour? Oui ; mais vous allez voir à quelle condition. — Si un promeneur, vous rencontrant sur la route, en passant vous disait : « Repasserai-je par ici ? Dans combien de temps pourrai-je être de retour ? » Vous lui demanderiez sans doute : « Dites-moi d'abord le chemin que vous prenez dans votre promenade, et je vous dirai si ce chemin vous ramènera ici; je calculerai combien de temps il vous faut pour achever votre tournée. » Eh bien, de même pour une comète : pour savoir si elle reviendra, quand elle reviendra, il faut qu'on l'ait observée avec un grand soin, assez bien pour se rendre compte du chemin qu'elle prend. Et alors, calculant la route qu'elle va suivre, on peut apprécier combien de temps il lui faut pour la parcourir. Or, tracer ainsi à l'avance la forme de la *courbe* qu'un de ces astres vagabonds va suivre dans l'espace est une chose difficile; il faut des observations très-exactes et de longs calculs. On n'a pu faire encore ces observations et ces calculs que pour un petit nombre de comètes, et, tout naturellement, pour celles qui vont le moins loin et reviennent le plus souvent : *une cinquantaine* environ. Encore pour la plupart on ne peut prédire leur retour qu'à peu près; et celles que l'on connaît le mieux ne sont pas les plus brillantes. Parmi les belles comètes il n'y en a guère qu'une seule dont on puisse annoncer le retour à jour fixe : c'est celle à laquelle on a donné le nom de *Halley*, l'astronome qui le premier a calculé sa route. Elle a passé près du soleil en 1759 et en 1835; et si vous vivez, vous la verrez revenir dans une trentaine d'années, en 1911.

Quant à celles qui paraissent pour la première fois, ou du moins pour la première fois depuis qu'on sait observer les comètes, personne ne peut prédire leur arrivée : c'est toujours une visite inattendue.

Autrefois on avait une peur affreuse des comètes. Pourquoi ? A cause de leur aspect singulier, sans doute, de leur arrivée imprévue, de leur rareté : car celles qu'on peut apercevoir à l'œil nu ne sont pas très-communes. Celles que nous appelons « belles », on les trouvait « épouvantables ! » On croyait qu'elles annonçaient aux hommes de grands malheurs, des guerres, des famines, des pestes.... « Voyez, disait-on : en telle année on a vu une *terrible* comète ; justement cette année-là il y eut une guerre désastreuse. Quand telle autre comète apparut, ce fut une *inondation* ; à telle autre les récoltes manquèrent, et il y eut *cherté*, disette. » — Hélas ! il ne se passe guère d'années qu'il n'arrive à la pauvre humanité quelque malheur, souvent par sa faute ! Les guerres ne sont pas rares, ni les famines, ni les inondations. Et alors, quand une comète se montre n'importe à quel moment, il y a grand'chance qu'il se trouve en même temps quelque calamité dans un pays ou dans un autre. Mais ce n'est pas la comète qui en est cause, comme vous le pensez bien ! Si les hommes n'étaient pas si fous, savaient s'accorder entre eux au lieu de s'entre-détruire, les comètes auraient beau passer, elles n'amèneraient point de guerres ! — D'autres fois des rois, des princes avaient la bonté de s'imaginer que c'était eux-mêmes que la comète menaçait de quelque malheur, comme si les astres du ciel pouvaient se déranger de leur route pour des rois, pour des princes, plutôt que pour le commun des mortels.... quelle naïveté ! Et dire qu'il y a encore aujourd'hui des gens qui croient à de pareils absurdités ! C'est que les gens ignorants sont toujours les mêmes dans tous les temps : superstitieux, crédules, toujours prêts à s'effrayer quand il n'y a pas de quoi !

D'autres personnes, avec plus de bon sens, se sont demandé seulement si ces astres errants à travers le ciel ne pourraient pas, en passant, heurter la terre, et par leur choc l'ébranler, la briser, ou la lancer hors de sa voie... Qu'une comète, croisant la route de la terre, vienne à la rencontrer, est-ce donc impossible? Et alors qu'adviendrait-il? Quelque catastrophe, peut-être? Souvenons-nous avant tout que le ciel est bien vaste, qu'il y a de la place pour passer, et bien peu de chance que deux astres arrivent juste au même endroit, juste au même moment. Mais si pourtant cela arrivait, sait-on ce qui se produirait?

Oui; ou du moins on peut s'en faire une idée. D'abord rappelons-nous que les comètes sont formées de vapeurs excessivement légères; en rencontrant la terre, elles ne produiraient pas un choc comme celui d'une chose lourde et massive; cela ferait tout au plus l'effet d'une bouffée d'air... Et en outre ces vapeurs, beaucoup plus légères que l'air lui-même, ne pourraient y pénétrer et parvenir jusqu'à nous; nous ne sentirions pas même un souffle.

Du reste, une rencontre semblable a déjà eu lieu, non pour la terre, mais pour une autre planète; et l'on a pu voir d'ici ce qui s'est produit. La comète, il est vrai, n'a pas heurté la planète; mais elle l'a rasée presque!... C'était une belle et grande comète, qui venait de passer tout près de la terre; et de là on la vit s'élancer droit contre *Jupiter*. Qu'allait-il arriver? Ce gros globe ne pourrait guère en souffrir, sans doute; mais c'était surtout pour ses *satellites* qu'on était inquiet. La comète, en passant, allait-elle heurter quelqu'un de ces petits globes, et du choc les jeter de côté hors de leur orbite, ou même peut-être en emporter quelqu'un avec elle à travers le ciel? Eh bien, rien de semblable n'arriva. La comète passa franc, tout près de Jupiter, au beau milieu de ses *lunes*, sans que rien se soit dérangé. Je me trompe : c'est la comète elle-même, légère vapeur, qui fut dérangée de sa route. Attirée très-fort par le gros globe de Jupiter, elle fut si troublée dans son mouvement, qu'elle changea tout à fait de direction et alla se perdre dans la profondeur du ciel, d'où elle ne reviendra plus jamais. — Et tenez ! justement une pareille chose paraît être arrivée tout dernièrement pour la terre elle-même : au mois de novembre 1872 ; une comète s'est approchée si près de nous, qu'elle a dû toucher l'atmosphère terrestre de sa queue. Que s'est-il produit? Rien, ou mieux que rien : une magnifique pluie d'étoiles filantes. — Ne craignons donc plus les comètes ; ce sont des astres bien inoffensifs, elles n'annoncent ni ne causent aucun malheur. — « Mais peut-être si quelque comète venait à rencontrer la terre, les vapeurs dont elle est formée, se mêlant à notre air, le rendraient *irrespirable*, mortel pour nous ? Mais ne pourrait-il pas venir du fond du ciel quelque comète encore inconnue, plus lourde, plus massive ? Et celle-là, alors, si elle heurtait la terre... » — Ah ! vous en direz tant ! — Vous comprenez qu'on peut imaginer tout ce qu'on veut. Mais il n'y a rien de raisonnable à se forger de pareilles frayeurs ; soyez bien sûrs que le choc d'une comète est tout ce qu'il y a de moins à craindre au monde : vous pouvez dormir tranquilles là-dessus.

SEIZIÈME LEÇON

LES ÉTOILES FILANTES

N'avez-vous pas vu, par quelque nuit bien pure, une étoile tout à coup glisser en silence au ciel, *filer*, et disparaître? Parfois sa lueur est vive et soudaine; elle laisse derrière elle une petite traînée lumineuse, qui au bout d'un instant s'efface. On dit : « C'est une étoile filante. » — Est-ce que c'est *une étoile* en effet? Est-ce que les étoiles vraiment peuvent se détacher du ciel et tomber vers la terre? Mais non! Maintenant que nous savons que le ciel n'est pas une voûte bleue où les étoiles seraient attachées comme de petites lampes, ou comme de petits diamants scintillants, que la terre n'est pas la base, le fondement de l'univers, nous ne pouvons plus imaginer cela. Dans le ciel, qu'est-ce que la terre? une simple planète comme une autre, et non pas même des plus grosses. Et les étoiles? — Dans la prochaine leçon nous verrons que les étoiles sont autant de *soleils* énormes, semblables au nôtre, et qui nous paraissent comme de faibles points brillants à cause de leur distance inimaginable. Donc ce ne sont pas ces gros soleils qui sortiraient de leur place tout à coup et glisseraient vers notre petite boule...

Les « étoiles filantes » — conservons-leur ce nom — ne sont donc pas des étoiles, ni même des planètes. Elles auraient plutôt quelque ressemblance avec les comètes. Ce sont de très-petits objets qui circulent, tourbillonnent à travers l'espace. Les unes sont de petites masses solides, comme des blocs de pierre ou de métal; les autres sont des amas de poussière; d'autres enfin sont de simples, de légères vapeurs. Elles tournoient autour du soleil en décrivant des ellipses à peu près comme les comètes. Mais tandis qu'elles errent ainsi dans le vide du ciel, elles sont absolument invisibles, à cause de leur petitesse.

L'étendue de l'espace où tourne la terre est toute parsemée de ces petits *corps*, qui la traversent en tous sens avec vitesse. En passant, la terre les rencontre : figurez-vous comme un gros ballon à jouer jeté en l'air, passant à travers une poignée de sable disséminée, vivement lancée sur son passage... Ces petits objets, rencontrant donc la terre sur leur route, traversent les hauteurs de l'atmosphère, en y glissant, à peu près comme une pierre plate, lancée obliquement, glisse à la surface d'un étang. Ils pénètrent plus ou moins profondément dans l'air, suivant la direction dans laquelle ils sont lancés. Et comme ils volent très-vite, ils éprouvent, pour pénétrer dans l'air si soudainement, une résistance énorme; c'est comme un choc, un frottement si fort, qu'ils s'en échauffent vivement et s'enflamment. Car tout choc, tout frottement produit de la chaleur; et cette chaleur, naturellement, est d'autant plus vive que le choc est plus violent, le frottement plus rapide.

Fussent-ils assez gros, — gros comme une maison, si vous voulez, — à cette hauteur où ils traversent l'air ils ne peuvent nous paraître que comme de petits points lumineux, glissant rapidement. Mais ils ne brillent qu'au moment de leur passage dans notre *atmosphère;* et quand ils en sont ressortis, continuant leur route au delà, ils redeviennent sombres et invisibles.

Ces petites masses de matière qui produisent les étoiles filantes ne sont pas également disséminées dans tout l'espace sur le chemin de la terre. A certains endroits il y en a davantage, ailleurs elles sont plus clair-semées. Elles sont surtout nombreuses dans la région que la terre se trouve traverser vers le 13 novembre, et dans une autre où elle passe le 10 août. C'est comme un essaim au milieu duquel nous passons. Aussi, en ces nuits-là (12, 13, 14 novembre; 9, 10, 11 août), le ciel est tout sillonné d'étoiles filantes. Rappelez-vous ces dates; et par un de ces soirs, quand l'air sera sans nuages, levez les yeux vers le ciel; en moins d'un quart d'heure vous aurez pu compter une vingtaine de ces gracieuses *flammes glissantes.*

Mais peut-être, en les contemplant, vous demanderez-vous d'où viennent ces fragments de matière disséminés dans l'espace. Ne serait-ce pas les morceaux de quelque globe détruit, qui aurait été brisé, pulvérisé au milieu du ciel? — Peut-être! Mais il se pourrait bien aussi que ce soient des restes de la matière dont sont faites la terre, les autres planètes et les comètes, restes qui, ne s'étant pas réunis en grandes masses pour former des globes, sont toujours demeurés disséminés, en poussière ou en fragments plus ou moins gros.

Mais ces fugitives étoiles filantes qui glissent si rapides, si je vous disais qu'on a pu parfois en arrêter quelqu'une au passage, en avoir des morceaux... Prendre une étoile filante? Quel rêve! — Eh bien, non, ce n'est pas impossible. J'en ai tenu des morceaux dans ma main, moi qui vous parle. — Comment? Je vais vous l'expliquer.

Les fragments de matière errants dans l'espace et que la terre rencontre sur son passage, le plus souvent, comme je vous l'ai dit, ne font que traverser les hauteurs de l'atmosphère, sous forme d'étoiles filantes. Mais quelquefois, —cela dépend de la direction dans laquelle ils sont lancés,—quelquefois ils pénètrent plus profondément dans l'air, et passent plus près du sol, plus près de nous. Alors on voit non plus seulement comme une petite étoile, mais comme un globe de feu, très-gros parfois, d'un éclat éblouissant, qui fend l'air à grand bruit et passe, laissant derrière lui une longue traînée de lumière semblable à celle que fait une fusée volante. On donne alors à ce globe enflammé, au lieu du nom d'étoile filante, celui de *bolide*. Au fond, c'est le même phénomène vu de plus près.

Souvent le *bolide* traverse le ciel et disparaît comme il était venu. Mais parfois aussi il éclate tout à coup au milieu de l'air, tantôt silencieusement, tantôt avec un bruit effrayant, comme un coup de canon. Il se brise en éclats brûlants, et ces fragments tombent sur la terre; quelquefois même le bolide, tout en bloc, arrive jusqu'au sol, et du choc s'y enfonce plus ou moins. On accourt alors, et l'on trouve des morceaux de pierres brûlants, qui bientôt se refroidissent. Ces *pierres tombées du ciel*, ces morceaux d'étoiles filantes éteintes s'appellent *aérolithes*.

Voilà, n'est-ce pas? une chose bien extraordinaire! des pierres qui ne viennent pas de la terre, de petits fragments d'astres... Il était bien curieux de savoir de quelles substances ils sont formés, pour avoir une idée de la *matière céleste*, pour voir si elle ressemble à celle dont notre globe est fait. Elle est toute semblable en effet. Les aérolithes sont presque toujours des pierres grisâtres, *ferrugineuses* (c'est-à-dire contenant des parcelles de fer), ayant l'aspect des pierres ordinaires.

D'autres fois ce sont des morceaux, des blocs de fer — oui, du fer tout semblable au nôtre, du fer qu'on peut forger si l'on veut pour en faire un anneau, une lame de couteau, un outil! Il y a des aérolithes de toute dimen-

Fig. 21. — Chute d'un bolide.

sion : les uns tombent réduits en petits grains plus menus que des grains d'orge ; les autres en blocs énormes, massifs, pesant des milliers.— Il ne serait pas agréable de recevoir sur la tête de pareilles *étoiles filantes !*

Il y a quelques années, un Arabe d'Algérie faillit être tué par un aérolithe qui tomba, en plein midi, tout près de lui. Ce pauvre homme se crut mort. Son récit est curieux. « J'entendis, racontait-il, une détonation semblable à un coup de canon, puis un ronflement dans l'air... Je regardai en haut, et je vis comme un nuage obscur et *quelque chose de noir* qui se précipitait sur ma tête. Tout à coup cette chose tombe près de moi, en faisant jaillir la poussière. Je courus à cet endroit et je vis une grosse pierre profondément enfoncée dans la terre. En voulant la retirer du trou qu'elle avait fait en tombant, je me brûlai la main, car elle était encore très-chaude. » D'autres personnes accoururent, et la pierre étant refroidie, on put l'emporter.

Ces chutes ne sont pas très-rares. Ainsi au musée du Jardin des plantes de Paris, il y a plusieurs centaines de ces « cailloux du ciel » qui ont été recueillis sur la terre.

DIX-SEPTIÈME LEÇON

LE CIEL ÉTOILÉ

Par une belle nuit sans lune, levez les yeux vers le ciel. A travers l'air calme et transparent, vous voyez là-haut briller les étoiles comme de petits points étincelants. Contemplons-les un instant. Avez-vous remarqué comme leur lumière paraît tremblotante? On dirait la flamme d'une lampe agitée par le vent, vue de loin. Ce *clignotement* est ce qu'on nomme la *scintillation;* il est dû à une légère agitation de l'air, qui fait pour ainsi dire flotter, vaciller le petit rayon de lumière venant de l'étoile, et traversant l'atmosphère pour arriver à nos yeux. Ainsi paraît trembloter un objet brillant au fond d'une source, si l'on agite l'eau à travers laquelle on l'aperçoit. Les étoiles scintillent vivement, quand l'air est pur; les planètes, au contraire, comme nous l'avons déjà remarqué, ont une lueur plus tranquille et scintillent peu ou point.

Les étoiles sont très-différentes d'éclat: les unes brillent vivement, les autres sont plus pâles; d'autres enfin ont une lueur si faible, qu'elles échappent à la vue. — Mainte fois moi, enfant, mainte fois j'essayai de compter celles que mes yeux perçants pouvaient apercevoir au ciel; mais j'étais bientôt découragé. Ne vous donnez pas tant de peine, mes petits amis, car on les a déjà toutes comptées et nommées; et du reste elles ne sont pas innombrables comme on le croirait, car la meilleure vue, dans la ciel le plus pur, n'en distingue pas plus de trois mille. Mais ce n'est là *que la moitié du ciel*, — car vous savez qu'un observateur placé sur la terre ne voit jamais qu'une moitié de l'espace : l'autre moitié nous est cachée par la terre elle-même. Donc pour savoir combien il y a d'étoiles visibles à l'œil nu *dans tout le ciel*, nous doublerons, ce sera environ 6000.

On a classé les étoiles par rang d'éclat, afin d'aider à les reconnaître : les plus brillantes sont nommées *étoiles de première grandeur*; celles qui viennent après, *étoiles de seconde grandeur*, et ainsi de suite. Mais cela ne veut aucunement dire que les étoiles dites de *première grandeur* soient en réalité plus *grosses* que les autres, ni même qu'elles soient par elles-mêmes plus lumineuses. Cela veut dire seulement que, *vues de la terre*, elles nous apparaissent plus brillantes. Il y a dans tout le ciel 18 étoiles de première grandeur. Au second rang d'éclat, 60 étoiles. Moins brillantes encore sont les étoiles de troisième grandeur : il y en a 182. Les étoiles de quatrième grandeur sont au nombre de 550, et celles de cinquième au nombre de 1620. Celles-là sont déjà bien faibles, et on ne les voit que par les belles nuits. Enfin les étoiles de sixième grandeur, les plus petites qu'on puisse apercevoir avec la vue simple, sont au nombre de 3600. — Tous ces nombres ajoutés forment les 6000.

Mais quand au lieu de regarder le ciel simplement avec ses yeux, on le regarde à travers les lunettes, les *télescopes* des astronomes, oh! alors, c'est bien autre chose! On *découvre* des milliers et des millions d'étoiles, que notre vue trop faible ne pouvait distinguer. Un petit espace de ciel où nos yeux apercevraient deux ou trois étoiles à peine, en paraît tout criblé. Avec les plus forts *instruments* (lunettes, etc.), on a pu discerner des étoiles de plus en plus faibles, jusqu'au dix-septième rang d'éclat. Et l'on a évalué à cent millions — nombre effrayant, n'est-ce pas? — les étoiles visibles ainsi dans tout le ciel. Or si l'on avait des instruments meilleurs, plus *puissants* encore, on en apercevrait bien davantage ! Qui donc jamais dira combien il y a d'astres dans l'*espace sans fin* ?

Fig. 83. — Petit espace du ciel vu au télescope.

Diversité d'aspect du ciel suivant les heures et les saisons. — Mais pour le moment revenons-en à ce que nos yeux peuvent saisir. Avant tout, une observation. Vous savez déjà que nous ne pouvons apercevoir à la fois que la moitié du ciel. D'un autre côté, vous n'avez pas oublié que, par une illusion de nos yeux, à cause du mouvement de la terre, le ciel avec ses étoiles nous paraît tourner autour de nous dans l'espace de 24 heures. La première conclusion à tirer, c'est que de tous les points de la terre on ne voit pas les mêmes parties du ciel, les mêmes étoiles. Secondement, si nous regardons le ciel pendant la durée d'une nuit, les étoiles, d'une heure à l'autre, nous auront paru changer de position. Celle qui nous paraissait, par exemple, au-dessus d'un certain point de l'horizon, — dans la direction de ce clocher lointain, si vous voulez, — deux ou trois heures après est déjà loin de là. Dans le courant de cette nuit des étoiles *se lèvent;* d'autres, à l'opposé, *se couchent*. Toutes ont changé de place. Mais comme elles paraissent tourner toutes ensemble, les groupes qu'elles figurent ne sont pas déformés, et c'est la forme de ces groupes qui nous permettra de les reconnaître malgré leur déplacement.

Visibilité du ciel pour diverses positions d'un observateur sur la terre. — Maintenant imaginez un homme, un observateur placé juste à un pôle de la terre, — au pôle nord, si vous voulez. Il voit autour de lui et au-dessus de sa tête, sur son horizon, la moitié du ciel. Mais c'est toujours la même moitié : toujours les mêmes étoiles lui paraissent, dans le temps de 24 heures, tournoyer autour de lui. Celles qu'il voit près de l'horizon lui paraissent faire tout le tour de cet horizon; celles qui sont plus élevées, semblent décrire un cercle moins grand; celles qui sont presque au-dessus de sa tête font un tour plus petit encore. Enfin s'il y en a une droit au-dessus de sa tête, celle-là lui paraîtra toujours immobile au même endroit, au plein milieu du ciel. Cet endroit du ciel qui semble immobile est juste dans la direction du prolongement imaginaire de l'axe de la terre; et il correspond au *pôle terrestre*, sur lequel est placé notre observateur. Nous l'appellerons donc le *pôle du ciel*. Dans la supposition que nous avons faite, c'est le *pôle boréal* du ciel. Notre observateur ainsi placé verra donc, avons-nous dit, toujours la même moitié du ciel ; l'autre moitié lui sera à jamais inconnue. S'il était placé sur l'autre pôle de la terre, c'est cette autre moitié qu'il verrait au contraire ; il aurait le *pôle austral* du ciel au-dessus de sa tête, et les étoiles que l'on peut voir du pôle boréal seraient cachées pour lui.

Maintenant supposons-le transporté sur un point de l'équateur. C'est tout autre chose. Par l'effet du mouvement de la terre, le ciel lui semble tourner encore, mais autrement. Au lieu de voir un seul pôle du ciel droit au-dessus de sa tête, il les voit tous deux aux deux bords opposés de l'horizon, l'un devant lui par exemple, l'autre derrière. Dans l'espace de 24 heures il voit successivement tout le ciel ; toutes les étoiles, les unes après les autres, lui paraissant se *lever* d'un même côté de son horizon, — à sa droite, par exemple, s'il est tourné vers le nord, — s'élever dans le ciel plus ou moins haut, puis s'abaisser et se coucher de l'autre côté de son horizon, — vers sa gauche. Quelques-unes même successivement passent droit au-dessus de sa tête.

Nous qui, en France, ne sommes placés ni à un pôle, ni à l'équateur, mais entre les deux, nous observons un effet qui est aussi entre les deux apparences que nous venons de décrire. Les étoiles aussi nous paraissent tourner *autour d'un point immobile*, qui est le pôle du ciel (le pôle *boréal*) : mais ce pôle n'est pas droit au-dessus de notre tête, il n'est pas non plus au bord de l'horizon ; il est, pour ainsi dire, à mi-hauteur dans le ciel. Les étoiles les plus rapprochées de ce pôle, en tournant autour, nous semblent passer tantôt au-dessus, tantôt au-dessous, mais sans jamais se coucher : elles sont toujours au-dessus de l'horizon. Les autres étoiles, plus éloignées du pôle, en faisant leur tour, arrivent à toucher l'horizon et à descendre au-dessous : on les voit se lever et se coucher. Enfin, à l'opposé de la région du ciel toujours visible, autour du pôle

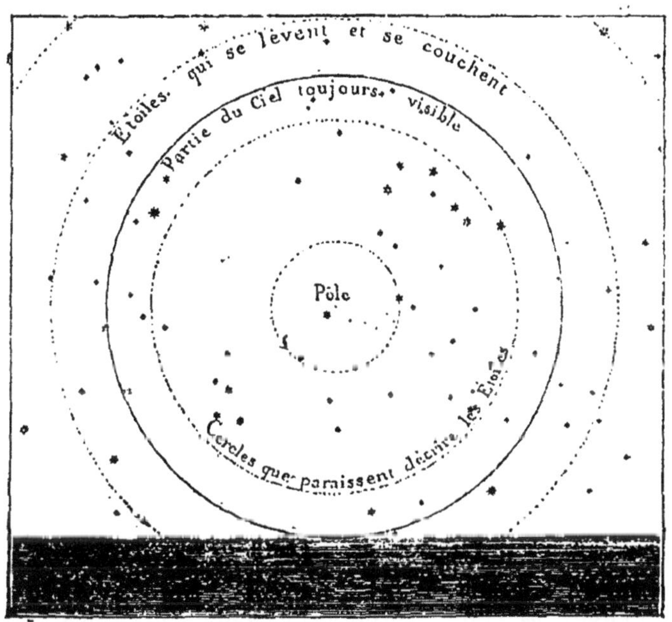

Fig. 84. — Partie du ciel toujours visible pour nous. Toutes les étoiles contenues au dedans du grand cercle qui touche à l'horizon tournent en restant toujours au-dessus de l'horizon ; les autres se lèvent et se couchent.

austral du ciel, correspondant au pôle austral de la terre, il y a une région toujours invisible pour nous, et qu'on ne découvre qu'en allant voyager dans l'hémisphère austral.

Visibilité du ciel aux diverses époques de l'année. — Mais dans tout ce qui précède, quand nous disions, par exemple, que dans l'espace de 24 heures toutes les étoiles de la partie du ciel visible pour nous ont passé *devant nos yeux*, nous entendions qu'elles étaient en réalité au-dessus de l'horizon, devant *nos yeux* en effet. Mais cela ne suffit pas pour que nous puissions les *voir* en réalité. Nous ne pouvons voir les étoiles que la nuit. Le jour, elles sont bien là ; mais la lumière du soleil répandue dans l'air, en effaçant leur lueur trop faible, nous empêche de les apercevoir. Nous ne pouvons donc observer que les étoiles qui se trouvent sur l'horizon *pendant la durée de la nuit.*

Or, avons-nous dit, il y a des étoiles qui sont *toujours* sur notre horizon ; celles-là, nous pouvons donc les voir toutes les nuits, s'il fait clair. Les autres étoiles, qui se lèvent et se couchent, se trouvent sur l'horizon, suivant les époques de l'année, tantôt pendant le jour, tantôt pendant la nuit. Pendant une moitié de l année, tout un grand côté du ciel, avec des étoiles qui y sont situées, se trouve sur l'horizon pendant la nuit, et alors on peut observer ces étoiles. L'autre côté du ciel, à cette même époque, est sur l'horizon pendant le jour. Mais pour l'autre moitié de l'année c'est le contraire ; les étoiles qui, levées pendant le jour, étaient invisibles, se trouvent maintenant sur l'horizon la nuit, et réciproquement. De là vient que les étoiles qu'on peut observer aux différentes époques de l'année ne sont pas les mêmes, — excepté celles qui entourent le pôle et sont toujours visibles, — et que toutes, même ces dernières, ne paraissent pas aux mêmes heures dans les mêmes positions.

DIX-HUITIÈME LEÇON

LES CONSTELLATIONS

Dès les temps les plus anciens on a senti l'utilité de connaître les étoiles, les plus importantes du moins. Mais dans le nombre, petit à proportion, des étoiles visibles à la vue simple, il y avait déjà de quoi se perdre ! Pour s'y reconnaître, on a imaginé de distinguer les étoiles par groupes, suivant la disposition qu'elles présentent à nos yeux. Un groupe d'étoiles, présentant ainsi une certaine forme, une certaine disposition qui permet de le reconnaître, s'appelle une *constellation*. Chaque constellation a son nom, qui est le nom d'un objet, d'un animal, d'un homme, le plus souvent le nom d'un dieu ou d'un héros de l'ancienne *mythologie* : car ces noms, presque tous du moins, ont été donnés par les anciens, et nous les avons conservés. Malheureusement les groupes d'étoiles n'ont presque jamais aucun rapport de forme avec les choses que leurs noms désignent. — De plus, quelques-unes des étoiles les plus remarquables ont un nom à part. Pour les autres, on indique à quel groupe elles appartiennent; puis, pour les distinguer des autres étoiles de ce même groupe, on donne à chacune pour *marque distinctive*, une lettre de l'alphabet grec, ou un simple numéro d'ordre, — absolument comme pour distinguer une maison dans une grande ville, on indique d'abord la rue, puis le numéro d'ordre de la maison dans cette rue. De la sorte chaque étoile peut être reconnue; et on a pu faire des *cartes du ciel* où jusqu'aux plus petites étoiles visibles sont marquées à leur place, comme les villes et les villages sur une carte de géographie.

Connaître les étoiles du ciel ! pouvoir les appeler par leur nom, le soir, en les montrant du doigt ! — j'en rêvais, moi, quand j'étais enfant. N'est-ce pas une chose charmante en effet ? — Eh bien, ce plaisir, je puis vous le donner. — Il ne s'agit pas, bien entendu, de connaître les étoiles comme un astronome; mais seulement de savoir reconnaître et nommer les plus belles, les groupes ou constellations les plus remarquables.

Principales constellations. — Région toujours visible du ciel. — Essayons donc de reconnaître les constellations principales, et commençons par celles qui sont visibles toutes les nuits. — Quand vous regarderez le ciel

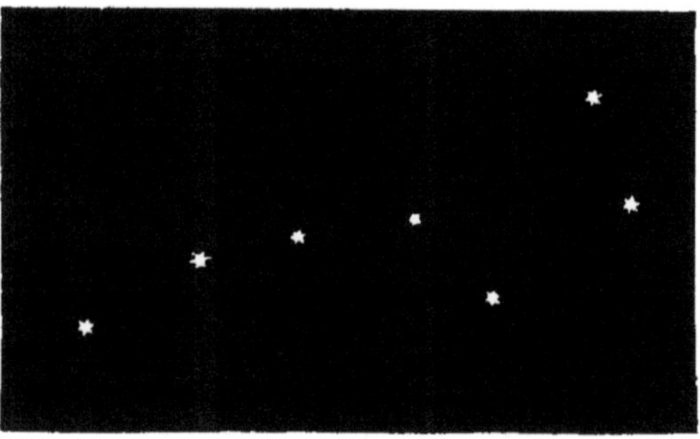

Fig. 85. — La grande Ourse.

par un beau soir, la première grande personne venue un peu instruite vous montrera un groupe de sept étoiles assez brillantes (6 de deuxième grandeur) qu'on appelle vulgairement le *Chariot*. On a trouvé je ne sais quel rapport de forme entre cette constellation et une voiture.... mais, si vous voulez une comparaison bien plus exacte avec un objet qui vous est familier, je dirai qu'elle rappelle la forme d'un *cerf-volant* planant dans l'air : 4 étoiles marquent les quatre coins du cerf-volant 3 figurent la queue...

Fig. 86. — Alignement pour trouver l'étoile polaire.

Les astronomes appellent cette constellation la *grande Ourse*. Elle est visible toutes les nuits ; mais, suivant l'heure de la nuit et la saison de l'année, elle a diverses positions. Habituez-vous à la retrouver au ciel du premier coup d'œil ; cela vous sera fort utile, comme vous allez voir.

A peu de distance de la *grande Ourse* il y a une assez vaste étendue de ciel où ne paraît aucun groupe d'étoiles, bien frappant ; mais au milieu de cet espace se montre une seule étoile assez brillante (deuxième grandeur). Elle est facile à retrouver : si l'on imagine une ligne passant par les deux étoiles du carré de la grande Ourse qui figurent comme la tête du cerf-volant (à l'opposé de la queue), cette ligne, en se prolongeant, arrivera juste à cette étoile dont nous parlons. Remarquez-la bien, celle-là; quoiqu'elle ne soit pas la plus brillante, c'est la plus importante à connaître de toutes les étoiles du ciel. C'est qu'elle se trouve située dans le ciel presque juste au pôle (boréal); et à cause de cela elle paraît immobile, tandis que toutes les autres étoiles paraissent tourner autour d'elle. C'est l'étoile *polaire*. Sitôt que vous l'avez reconnue au ciel, vous êtes *orientés*, puisqu'elle vous marque le pôle nord. Vous tournant vers elle, vous avez en face de vous la direction du nord, à dos le sud; l'orient est donc à votre droite et l'occident à votre gauche. Et alors, si vous étiez égarés dans la nuit, vous pouvez vous retrouver; vous pouvez reconnaître la direction que vous voulez prendre, et vous n'êtes plus exposés à vous en détourner. C'est ainsi que les marins, en observant la *polaire*, peuvent connaître la direction qu'ils doivent suivre dans la nuit, sur la mer. L'étoile polaire forme l'extrémité de la *queue* de la *petite Ourse*, constellation toute semblable de forme à la *grande Ourse*, mais plus petite, tournée en sens contraire, et formée d'étoiles beaucoup moins brillantes, moins faciles à retrouver.

De l'autre côté de l'étoile polaire, en face de la *grande Ourse* et à peu près à même distance, vous reconnaîtrez une constellation figurée en zig-zag qu'on appelle *Cassiopée* : elle contient plusieurs étoiles de seconde grandeur. Ce groupe, formé de Cassiopée d'un côté, la grande Ourse de l'autre et la polaire au milieu, est facile à reconnaître. Ces constellations sont toujours sur l'horizon, nous l'avons dit; mais comme elles semblent tourner autour de la polaire, elles changent de position dans le ciel, suivant l'heure de la nuit et l'époque de l'année. Ainsi tantôt la grande Ourse a la *queue en bas*, tantôt elle l'a tournée en haut ; tantôt elle paraît couchée en travers au-dessus de la polaire, et tantôt au-dessous. Il faut s'en souvenir quand on veut reconnaître les constellations dans le ciel : car

Fig. 87.

de même aussi par l'effet du mouvement apparent du ciel, toutes sont alternativement à droite et à gauche de la polaire, toutes paraissent alternativement droites et renversées.

Le ciel d'hiver (1). — Puisque les constellations visibles à l'heure du soir où vous pouvez les observer ne sont pas les mêmes dans toutes les saisons de l'année, supposons d'abord que nous sommes en hiver, et que, vers sept ou huit heures du soir, nous regardions le ciel.

En le parcourant d'un rapide coup d'œil, nous recon-

(1) Suivez les alignements indiqués dans le livre ; exercez-vous à trouver les étoiles et à reconnaître la forme des groupes sur les figures 88, 89, 92, 93 ; vous les retrouverez ensuite sans peine au ciel. Pour les déterminer sur la figure en noir, aidez-vous des chiffres et des renvois indiqués à la marge.

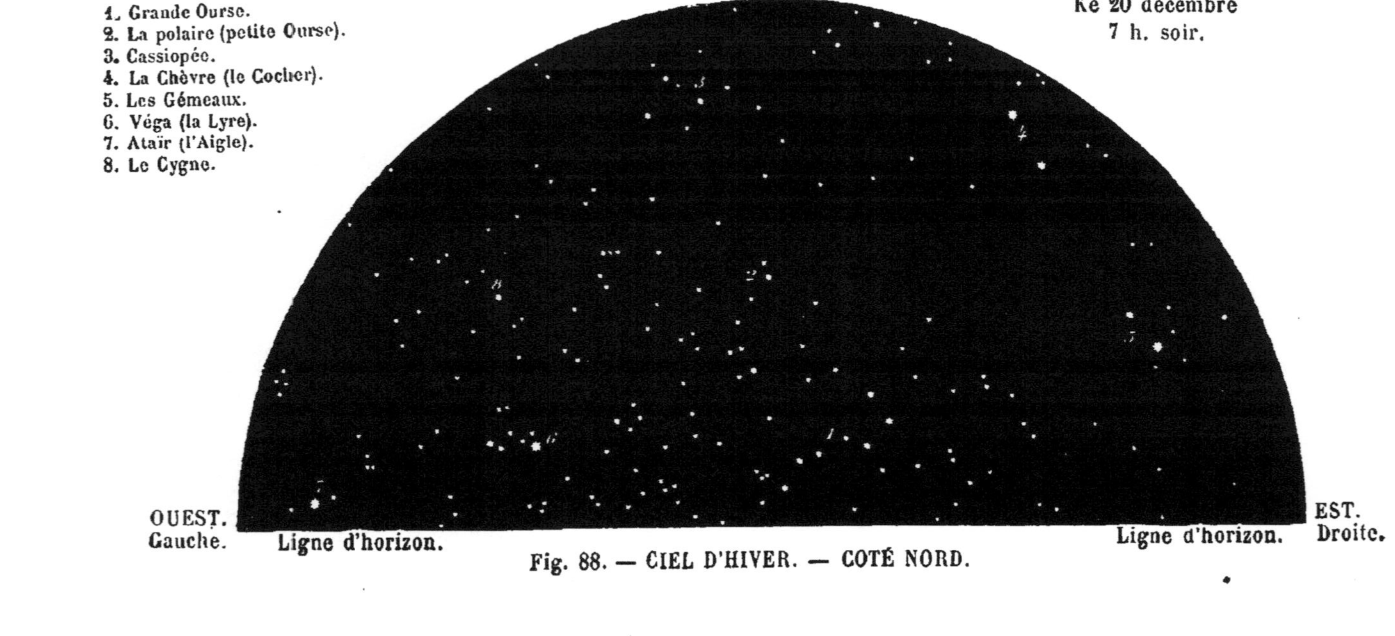

Fig. 88. — CIEL D'HIVER. — COTÉ NORD.

naissons bien vite la *grande Ourse*, qui, à ce moment, monte obliquement au-dessus de l'horizon, la tête en haut. Par elle nous allons trouver la petite Ourse et la polaire : nous voilà orientés. La polaire nous apparaît comme toujours, située à mi-hauteur entre l'horizon et le *zénith* : c'est ainsi qu'on appelle le point du ciel situé *verticalement* au-dessus de notre tête. De l'autre côté de la polaire, à l'opposé de la grande Ourse, c'est-à-dire vers le zénith, plane Cassiopée. Les constellations que nous connaissons déjà étant retrouvées, elles vont nous guider à la recherche des autres. Restons toujours *orientés*. Cherchez, au haut du ciel, un peu vers l'est, une belle étoile de première grandeur, qui frappera vos yeux par son éclat : c'est la *Chèvre* (étoile principale de la constellation du *Cocher*). Vous vous assurez que c'est bien elle en remarquant qu'elle se trouve, assez loin dans le ciel, dans la direction de la tête de la grande Ourse. Au-dessous de la Chèvre (à peu près à même distance que Cassiopée et à l'*opposé*), vous voyez briller deux belles étoiles peu éloignées l'une de l'autre : ce sont les *Gémeaux*, les deux frères, Castor et Pollux (fig. 88).

Sans changer de position, toujours ayant devant vous la polaire, tournez seulement un peu la tête vers l'ouest (à gauche) : un peu au-dessus de l'horizon, vous voyez briller la belle étoile de première grandeur qu'on appelle *Véga*, dans la petite constellation de la *Lyre*. Vous la reconnaîtrez à ce qu'elle est à même distance de la polaire que la Chèvre, et directement à l'opposé : la polaire presque juste sur la même ligne entre les deux. Maintenant, de votre doigt levé, suivez au ciel une ligne de la tête de la grande Ourse vers la Lyre que vous venez de reconnaître ; cette ligne, prolongée dans la même direction, vous mène presque droit à une étoile de première grandeur, entre deux plus petites : ce groupe est la constellation de

Fig. 89. — CIEL D'HIVER. — COTÉ SUD.

l'*Aigle*. Enfin, suivez de même une ligne allant de Cassiopée vers l'Aigle : à peu près à mi-chemin, vous passez auprès d'une étoile de seconde grandeur, la seule brillante qu'il y ait dans le voisinage; cette étoile est au centre de la constellation du *Cygne*.

Tournons maintenant le dos à la polaire pour contempler le côté opposé du ciel, le côté *sud* ; nous avons, cette fois, l'ouest à droite, et l'est à gauche. Tout le monde a remarqué trois étoiles à peu près à égale distance et en ligne droite, qu'on appelle souvent les *Trois Rois*. Vous les apercevez un peu vers l'est. Aussitôt que vous les aurez reconnues, observez quatre belles étoiles formant une sorte de carré long, au milieu duquel se trouvent les *Trois Rois*. Deux étoiles, aux deux angles opposés du carré long, sont de première grandeur. Tout ce grand groupe, avec quelques petites étoiles voisines, forme la belle constellation d'*Orion*, la plus remarquable de tout le ciel, très-facile à reconnaître. Au-dessus d'Orion brille une belle étoile rougeâtre : c'est *Aldébaran*, dans la constellation du *Taureau* (fig. 89).

Au-dessous d'Orion, juste à l'opposé d'Aldébaran, se lève la plus belle étoile des nuits d'hiver, la plus brillante de tout le ciel, le magnifique *Sirius*, qui fait partie de la constellation du *grand Chien*. Vous retrouverez facilement ces deux belles étoiles, en remarquant qu'elles se trouvent toutes deux sur l'alignement des étoiles d'Orion, les Trois Rois : Aldébaran en haut, Sirius en bas, et à peu près à même distance. Tout à fait à gauche (est), sur la ligne qui va d'Aldébaran à l'étoile de première grandeur qui forme le haut du carré long d'Orion, à l'opposé et à peu près à égale distance, une autre étoile de première grandeur (*Procyon*) brille dans la constellation du *petit Chien*.

Dans l'ancienne mythologie, Orion est un géant,

chasseur redoutable, qui poursuit le *Taureau* céleste (Aldébaran); et, comme un chasseur, il est accompagné de ses deux chiens, le *grand* et le *petit*, qui viennent derrière lui. Je vous cite cette fable pour vous aider à fixer dans votre mémoire la position d'Orion, du Taureau, du grand chien et du petit Chien.

Encore une autre histoire du même genre. Cette fois c'est un guerrier, Persée, qui, monté sur un cheval *ailé* appelé Pégase, vient au secours d'une jeune princesse nommée Andromède, au moment où un monstrueux poisson allait la dévorer... La constellation qui figure le cheval ailé forme au ciel un grand carré de quatre belles étoiles, qu'on appelle le *carré de Pégase*. C'est du reste le seul endroit du ciel où l'on puisse observer quatre étoiles formant un carré presque parfait. Trois autres étoiles, formant à ce carré une sorte de queue semblable à la queue de la grande Ourse, sont les principales de la constellation d'*Andromède*. Cherchez à l'extrémité de cette queue, vers le haut du ciel, un peu à droite (ouest), le brave *Persée*... Le terrible *Poisson* est aussi quelque part par là, près d'Andromède. Avant de quitter cette région du ciel, cherchez encore un peu au-dessus d'Aldébaran (sur la ligne qui va d'Orion à Aldébaran, de l'autre côté de ce dernier et à peu près à égale distance) un groupe serré de petites étoiles. Ce groupe est bien connu des gens de la campagne, qui le nomment la *Poussinière;* il leur rappelle une poule entourée de ses poussins. Les astronomes lui ont conservé son ancien nom : les *Pléiades*. Avec vos yeux perçants vous y distinguerez facilement six ou sept étoiles; mais quand on regarde les Pléiades avec le télescope, on y voit en outre un très-grand nombre d'autres plus petites (80 environ) que l'œil *nu* ne pouvait discerner.

Le ciel d'été. — Observons maintenant les constellations qui brillent sur notre horizon pendant la belle saison, vers le 1er juin par exemple. Supposons qu'il

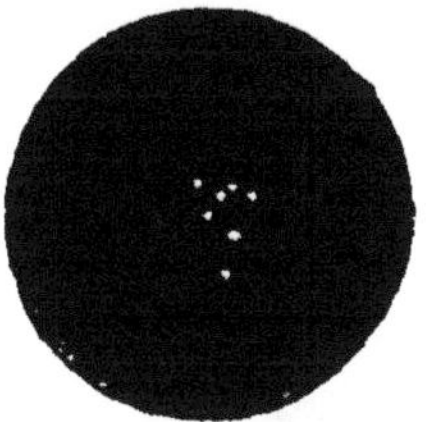

Fig. 90. — Les Pléiades ou la Poussinière, à l'œil nu

soit environ dix heures du soir, l'heure la plus commode pour vous à ce moment de l'année. Tournons-nous

Fig. 91. — Le groupe des Pléiades vu au télescope.

encore vers le nord; presque toutes les étoiles que nous observerons dans cette région du ciel sont les mêmes que nous avons déjà vues au ciel d'hiver, mais elles ont une position inverse, et vous savez pourquoi. Ainsi la *grande*

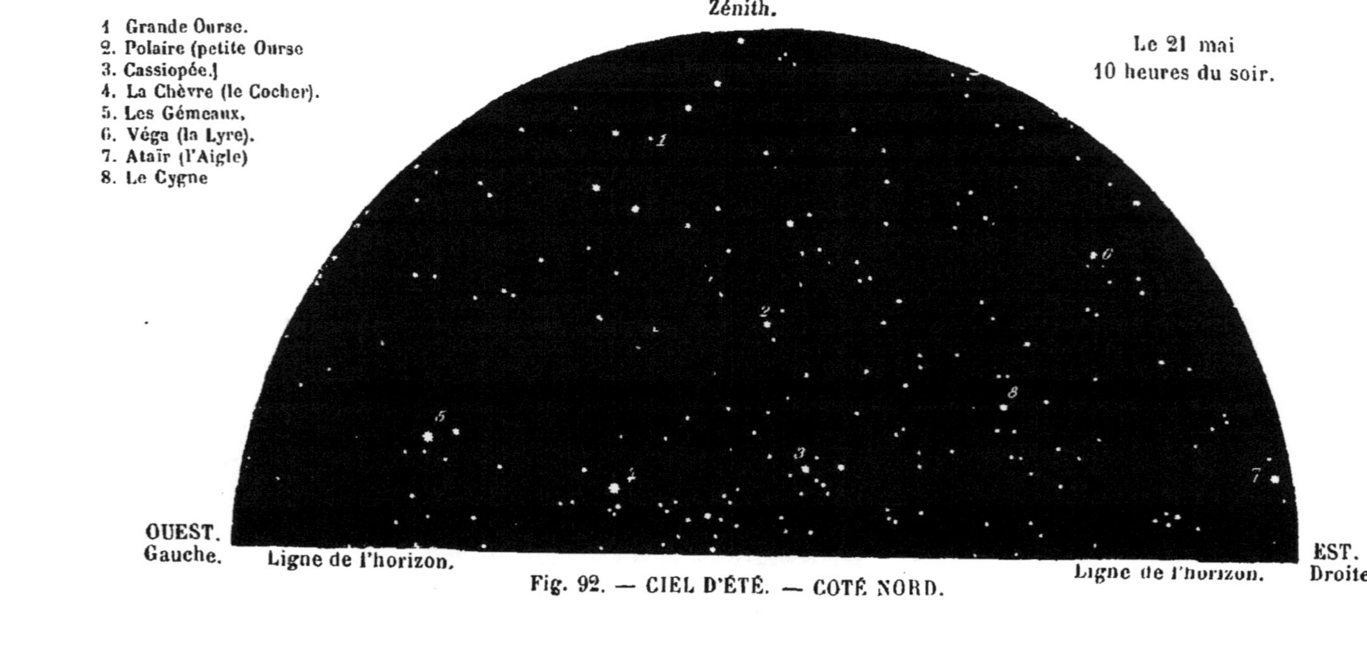

Fig. 92. — CIEL D'ÉTÉ. — COTÉ NORD.

Ourse, à cette époque, plane au haut du ciel, tandis que Cassiopée est au-dessous de la Polaire.

La *Chèvre*, qui était vers le zénith, est maintenant à gauche, près de l'horizon; les Gémeaux, plus loin vers l'ouest. La position est changée, mais les *alignements* ne le sont pas, et les mêmes qui nous ont servi à reconnaître les étoiles nous serviront encore à les retrouver. Ainsi nous irons chercher la Lyre à l'opposé des Gémeaux, à même distance de la Polaire; le Cygne brille au-dessous; l'Aigle est près de l'horizon, au couchant, à demi effacé par la lueur vague du crépuscule.

Du côté sud, au contraire, nous avons des étoiles toutes nouvelles pour nous : les constellations d'hiver sont couchées. D'abord, en face de nous, à mi-hauteur dans le ciel, une magnifique étoile de première grandeur, *Arcturus* (dans la constellation du *Bouvier*). Cette étoile est facile à reconnaître à ce qu'elle se trouve sur le prolongement de la queue de la grande Ourse. Au-dessous d'Arcturus une autre étoile très-brillante se nomme l'*Epi*, et marque la constellation de la *Vierge*. Enfin, plus à droite, c'est-à-dire vers l'ouest, la belle étoile du *Lion* attirera vos yeux. L'étoile du Lion, l'Épi et Arcturus forment au ciel un grand triangle; suivez du doigt levé la ligne qui va du Lion à l'Épi; prolongez-la, vous irez rencontrer près de l'horizon, un peu à l'est, l'étoile principale du *Scorpion*. Elle se trouve donc à l'opposé du Lion, l'Épi entre les deux.

Enfin, dans la région *australe* du ciel, toujours cachée pour nos pays, il y a plusieurs belles constellations. Je vous cite seulement les deux plus célèbres : le *Navire* et la *Croix du sud*. Il serait inutile de vous les décrire, puisque vous ne les verrez sans doute jamais.

Le Zodiaque. — Les anciens astronomes, observant le chemin apparent que le soleil semble suivre dans le ciel

Fig. 93. — CIEL D'ÉTÉ. — COTÉ SUD.

en passant devant certaines étoiles (voy. la fig. 25, p. 56), avaient distingué ces étoiles en douze groupes, divisant à peu près également le tour du ciel sur la route du soleil. Ces constellations forment ce qu'on appelle le *Zodiaque ;* chacune d'elle est un *signe du Zodiaque*. Voici le nom de ces douze *signes :*

Le Bélier, le *Taureau*, les *Gémeaux*, l'Écrevisse, le *Lion*, la *Vierge*, la Balance, le *Scorpion*, le Sagittaire, le Capricorne, le Verseau, les *Poissons*.

Parmi ces noms vous avez reconnu ceux de plusieurs constellations déjà observées par nous ; les autres n'ont pas d'étoiles bien remarquables. — On disait autrefois : « le soleil est dans le signe du Bélier » par exemple, pour signifier que l'astre paraissait à ce moment passer devant ce groupe d'étoiles. Comme il y a douze mois, chaque mois se trouvait à peu près correspondre à la position du soleil devant l'une des constellations ; et voilà pourquoi, sur les almanachs, chaque mois porte encore l'indication d'un *signe du Zodiaque*. Mais par suite d'une petite différence qui allait en augmentant avec le temps, il se trouve qu'à notre époque le soleil ne correspond plus en réalité, à un moment de l'année, au groupe d'étoiles dont le mois porte l'indication. Le Zodiaque servait beaucoup aux calculs des anciens astronomes ; mais ceux d'aujourd'hui, ayant de meilleures méthodes d'observation, en font très-peu usage.

DIX-NEUVIÈME LEÇON

LES ÉTOILES

Etoiles colorées, variables, périodiques. — En observant avec attention les étoiles, on peut remarquer qu'elles n'ont pas toutes une lumière parfaitement blanche; quelques-unes ont une teinte rougeâtre ou bleuâtre, ou jaune... Si on les observe au *télescope*, leurs couleurs apparaissent beaucoup plus nettes et plus vives. On voit des étoiles rouges, bleues, jaunes, vertes — de toutes couleurs ! la plupart cependant sont blanches.

Autre singularité. Il y a des étoiles dont l'éclat *varie*. Ainsi quelques-unes, autrefois très-belles, décroissent, et s'effacent pour ainsi dire de plus en plus; d'autres, au contraire, deviennent de plus en plus brillantes. Il en est aussi qui, avec le temps, changent de couleur... Ces étoiles sont nommées *étoiles variables*.

Il y en a de plus extraordinaires encore : ce sont celles qu'on voit, successivement, tantôt briller avec vivacité, tantôt s'affaiblir ou même disparaître complétement, pour se *rallumer*, pour ainsi dire, au bout d'un certain temps. Celles dont l'éclat augmente ainsi et diminue tour à tour pendant une certaine *période* de temps, sont appelées *étoiles périodiques*. — Enfin on a vu parfois — chose étonnante ! — apparaître au ciel de *nouvelles étoiles* qui, après avoir brillé plus ou moins longtemps, ont fini par s'éteindre tout à fait.... on ne sait ce qu'elles sont devenues !

Amas d'étoiles. — Etoiles doubles, triples, etc. — Nous avons déjà remarqué un ou deux groupes formés d'étoiles assez rapprochées les unes des autres — j'entends rapprochées *pour nos yeux* — (les *Pléiades*, par exemple). Une bonne vue distingue facilement les étoiles qui forment ces groupes ; il y en a au ciel plusieurs semblables.

Mais il est aussi beaucoup d'étoiles qui, à l'œil nu, paraissent *simples*, absolument semblables aux autres, et qui en réalité sont *doubles*, *triples*... Figurez-vous deux ou

Fig. 94. — Étoile double, vue au télescope.

Fig. 95. — Étoile quadruple, vue au télescope.

trois, ou quatre, ou cinq étoiles, si voisines les unes des autres, que leur lueur se confond, et que pour notre œil elles semblent absolument ne faire qu'un seul point brillant. Mais en les observant au télescope, on arrive à distinguer, à voir séparées les deux, trois ou quatre étoiles. Souvent, chose curieuse, ces étoiles ne sont pas de même couleur : si l'une est blanche, par exemple, l'autre sera bleue, ou rouge, ou verte.... Enfin on voit, dans ces groupes, la plus petite étoile (ou les plus petites) tourner autour de la plus grosse, comme les satellites autour des planètes.

Nébuleuses. — Ce n'est pas tout encore. Quand la nuit

est bien noire et bien pure, on peut apercevoir, entre la constellation de Cassiopée et celle de Persée, une étoile qui semble nuageuse, comme si elle était vue au travers d'un brouillard. On dirait un très-petit nuage faiblement

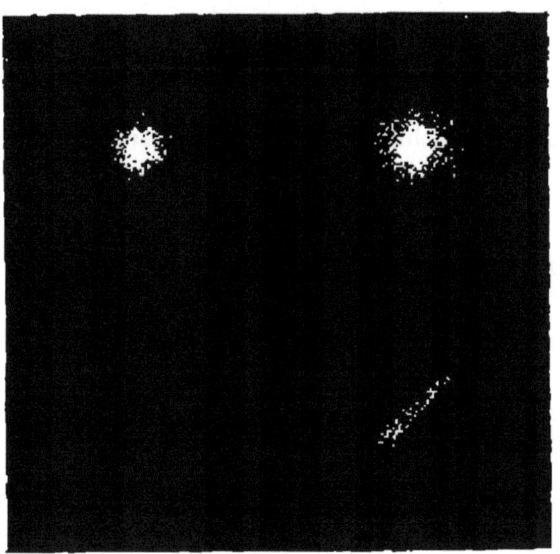

Fig. 96. — Nébuleuses de forme ronde ou ovale, vues au télescope.

lumineux. C'est ce qu'on appelle une *nébuleuse* (c'est-à-dire *nuageuse*). A l'œil nu, on peut voir dans le ciel plusieurs de ces nébuleuses. Mais si l'on regarde au télescope, on en découvre des centaines d'autres, trop petites et trop faibles d'éclat pour être aperçues de nos yeux. Or, mes enfants, quand on considère attentivement avec un bon télescope certaines de ces nébuleuses, on reconnaît qu'elles sont formées d'un amas innombrable de très-petites étoiles. Ces étoiles, dis-je, nous paraissent petites : c'est parce qu'elles sont plus éloignées encore de nous que les autres. Si lointaine et si faible, chacune d'elles est visible à grand'peine; leur ensemble forme cette lueur vague de

Fig. 97. — Nébuleuse de forme irrégulière, vue au télescope.

la *nébuleuse*. En réalité, ce sont donc encore des groupes d'étoiles. Mais il y a d'autres nébuleuses, au contraire, où l'on n'a jamais pu apercevoir d'étoiles; on a beau les observer avec les meilleurs instruments, on n'aperçoit jamais qu'une lueur vague : elles ont toujours l'aspect d'un petit nuage ou arrondi, ou ovale, ou de forme irrégulière. Celles-là en effet ne sont que des amas de vapeurs lumineuses, planant dans l'espace.

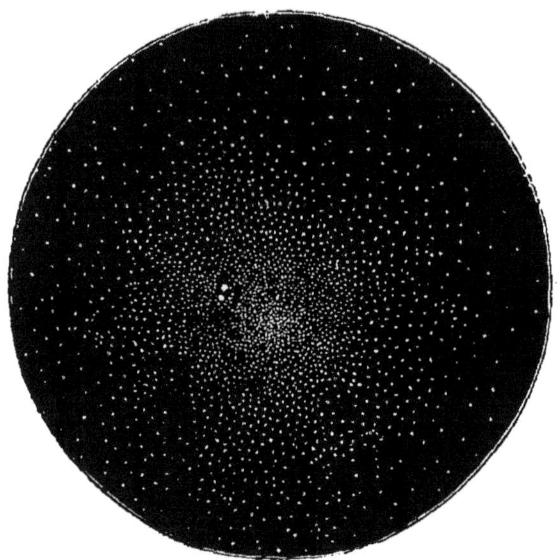

Fig. 98. — Nébuleuse vue au télescope et paraissant formée d'un amas de petites étoiles.

La Voie lactée. — Depuis que nous regardons les étoiles, vous avez déjà dû remarquer cette grande traînée de lueur pâle, laiteuse, qui traverse le ciel. On dirait un chemin tracé parmi les étoiles, comme un sentier à travers une prairie semée de fleurs.

Cette trace de lumière, ce *chemin du ciel,* est ce qu'on appelle la *Voie lactée* (chemin de lait). On pourrait aussi la comparer à une rivière : elle a des replis, des îles sombres au milieu de son lit lumineux. La Voie lactée n'est pas autre chose qu'une immense nébuleuse, que nous voyons

Fig. 99. — Partie de la voie lactée (vue à l'œil nu).

s'étendre tout autour du ciel. En la regardant au télescope, on voit distinctement qu'elle est formée d'un amas effrayant de petites étoiles : il y en a par millions et millions ! Dans un tout petit espace de la *Voie lactée*, à peine large comme la lune, ont voit, avec le télescope, des centaines de fois plus d'étoiles que vos yeux n'en aperçoivent dans tout le ciel !

Distances des étoiles. — Les étoiles sont des soleils, nous l'avons dit, des soleils aussi grands, aussi ardents, aussi lumineux que le nôtre; mais leur distance est telle qu'ils ne nous apparaissent plus que comme de faibles étincelles, comme de petits diamants à la sombre *voûte apparente* du ciel.

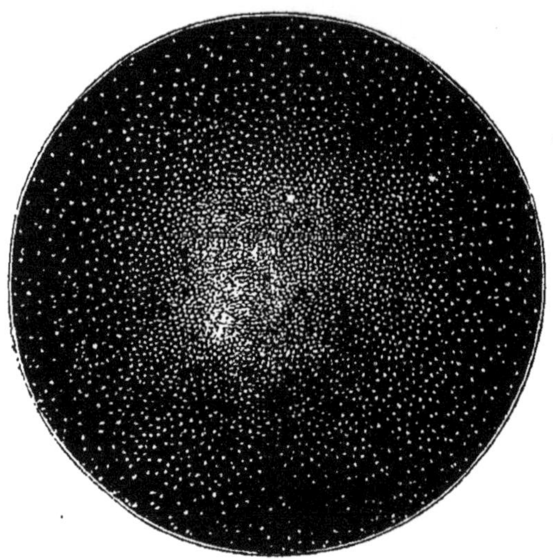

Fig. 100. — Une petite partie de la Voie lactée vue au télescope.

Je n'ai pas besoin de vous rappeler qu'en réalité cette voûte n'existe pas, et que le noir du ciel est l'espace sans bornes où tournent la terre et les planètes, où est le soleil, et à travers lequel notre regard plonge sans obstacle pour arriver aux étoiles, bien plus lointaines encore. Du moins vous pourriez vous imaginer que les étoiles sont toutes rangées dans l'espace à une même distance autour de nous, de telle sorte que par leur disposition arrondie, elles forment elles-mêmes l'apparence du contour d'une voûte. Eh bien non : nous croyons les voir toutes à la même distance, parce que nos yeux ne peuvent juger de la différence de leur éloignement. En réalité, elles sont à des distances très-différentes, mais toujours très-grandes. Figurez-vous donc les étoiles comme semées, disséminées dans l'espace, une ici, l'autre là, l'autre plus loin encore, immensément éloignées les unes des autres. La plus rapprochée de nous est à une distance effrayante!... Tenez, vous avez déjà trouvé qu'il y a loin d'ici au soleil (37 millions de lieues). Pour aller jusqu'à *Neptune*, la plus lointaine planète, il faudrait faire 30 fois plus de chemin. C'est beaucoup! Eh bien, vous pourriez parcourir par la pensée, non pas 30 fois, ni 100, mais 1000 fois, 10 000 fois, 100 000 fois la même distance dans tous les sens tout autour de nous sans rencontrer une seule étoile. La plus rapprochée est encore beaucoup plus loin que cela.

Mais alors... nous, avec notre soleil et tout son *système*, nous sommes donc isolés dans l'espace, comme perdus au milieu d'un immense désert! — Sans doute; et entre les étoiles elles-mêmes il y a des distances toutes semblables.

Essayons de nous en faire une idée. — Pour aller d'ici à la plus prochaine étoile, il faut imaginer à travers le vide du ciel une distance... vous dirai-je? Oui; mais écoutez bien, et tâchez de saisir : — une distance 226 000 fois plus grande que celle qu'il y a d'ici au soleil. 226 000 fois 37 millions de lieues! C'est à ne plus comprendre... Et c'est l'étoile la plus proche! Celle qui vient après est deux fois plus loin encore. Quant aux autres!...

Mais voyons, n'y a-t-il pas quelque moyen de nous donner une idée de ces distances? Est-ce la vitesse d'un boulet de canon, qui mettrait, disions-nous, 10 ans pour arriver au soleil? — Pour aller à l'étoile la plus proche, il lui faudrait quelque chose comme 2 millions d'années. Cela ne se comprend pas encore bien clairement : c'est encore un trop gros nombre.

Mais la lumière, — vous en souvenez-vous? nous l'avons dit à propos de Jupiter, — la lumière est bien autrement rapide. Elle fait 75 000 lieues par seconde ; en un peu plus de huit minutes elle nous arrive du soleil. En venant de Jupiter vers nous, elle vole à travers l'espace du ciel pendant quarante minutes environ ; en quatre heures elle nous vient de *Neptune*.

Eh bien, pour venir de l'étoile la plus prochaine, dont nous parlions tout à l'heure, il lui faut *trois ans et huit mois* — trois ans et huit mois de voyage à raison de 75 000 lieues par seconde ! Et ne l'oubliez pas : c'est la moins éloignée des étoiles. — La plus brillante étoile de tout le ciel, *Sirius*, dont nous avons parlé dans le chapitre précédent, est encore parmi les plus rapprochées : elle est à une distance 1 million 300 000 fois plus grande que celle du soleil — 50 *milliards de lieues*... Sa lumière met 22 ans à traverser l'espace pour venir jusqu'à nous !

Il en faut cinquante pour que la lumière de l'*étoile polaire* nous atteigne : si quelque soir de cette année vous la regardez, le rayon qui arrivera à vos yeux est parti de l'étoile il y a un demi-siècle... longtemps avant votre naissance. Il y a des étoiles si éloignées qu'il faut à leur lumière cent ans, deux cents ans pour venir à nous ; d'autres plus lointaines encore, celles qui forment la lueur de la Voie lactée, par exemple, dont le rayon voyage pendant mille, deux mille, dix mille ans, avant d'arriver à nos yeux. Et quant aux *nébuleuses*, groupes d'étoiles ou amas de vapeurs, quelques-unes sont à des distances telles que la lumière doit employer *des centaines de mille années* pour traverser cet espace.

Si nous les voyons aujourd'hui, c'est qu'il y a des centaines de mille années au moins qu'elles existent, et que leur lumière, depuis ce temps, *est en route* pour nous arriver !

Nature des étoiles. — *Les étoiles sont des soleils...* C'est que *notre soleil aussi est une étoile*, une étoile parmi les étoiles du ciel ; et non pas même des plus brillantes : c'est une de celles qui forment la Voie lactée. — Vue d'une distance semblable à celle qui nous sépare des étoiles, notre soleil aussi ne nous apparaîtrait que comme un petit point lumineux, confondu parmi les autres.

Les étoiles sont des soleils... Et alors voilà qu'il vous vient en pensée : « Mais ont-ils aussi des *terres*, — des planètes tournant autour d'eux ? » — Sans doute, pour la plupart, du moins. — « Ah ! — Et sur ces planètes, y aurait-il des habitants ? » — C'est fort possible. Mais réfléchissez donc ! Pourriez-vous vous imaginer que de ces millions et milliards de soleils, *un seul* — et ce serait justement le nôtre — eût des planètes tournant autour de lui ? Ou que de toutes ces planètes, *une seule* — et ce serait justement la nôtre, notre petite boule, un grain de poussière imperceptible dans l'infini du ciel — eût des habitants, — la terre, une planète comme la première venue, tournant autour d'une étoile toute semblable aux autres !

La plupart des étoiles, sans doute, sont les centres de *systèmes* assez semblables à notre *système solaire*. Il y a des étoiles dont la lumière est *colorée* : eh bien, les mondes qu'elles éclairent ont un soleil bleu, ou rouge, ou vert ; le jour est vert, ou rouge, ou bleu, sur ces planètes. Il y a d'autres systèmes qui ont à leur centre des étoiles doubles, ou triples, ou quadruples : eh bien, ces mondes ont deux, trois, quatre soleils de différentes couleurs, tournant les uns autour des autres, et le jour, sur ces planètes, s'il en est tournant autour d'eux, est alternativement rouge ou bleu, puis vert, puis blanc. Et quelle étonnante complication de mouvements, quelles *orbites* de forme irrégulière doivent avoir ces planètes dominées par plusieurs soleils? Comme tout est varié dans l'univers! Comme nous en savons peu encore! Ah! combien notre imagination, notre intelligence s'agrandissent, quand nous pensons à toutes ces choses : l'univers infini, les mondes par millions, par milliards....

Et de plus, si les étoiles nous paraissent *fixes, immobiles*, c'est encore là une illusion de nos yeux. Les étoiles ne sont pas immobiles, elles se meuvent, elles tournoient, elles tourbillonnent dans l'espace avec vitesse : mais si lointaines qu'elles sont, leur déplacement si rapide, leur *chemin parcouru* devient si imperceptible qu'elles semblent *fixes;* il faut les observer avec une précision extrême pour s'apercevoir de leur mouvement. Notre soleil aussi se meut à travers l'espace, emportant avec lui sa terre et toutes ses planètes : on en a la preuve. *Tout est en mouvement* dans l'univers; tout se meut, tout change et se transforme. Il n'y a d'*immuable* que les *lois de la nature*, et la *Cause* éternelle, dont toutes les choses que nous voyons sont les *effets* changeants et passagers.

VINGTIÈME LEÇON

LE CALENDRIER

Utilité du calendrier. — Avant de terminer, il convient de consacrer notre dernière leçon à un sujet d'utilité pratique, résultat immédiat de l'observation du ciel. L'ensemble des règles qui servent à fixer *la mesure du temps* est appelé le *Calendrier*. Vous allez voir comment cette mesure est une conséquence de l'étude des mouvements de la terre et des apparences des astres, en un mot, de l'*Astronomie*.

Déjà vous savez que la rotation de la terre sur elle-même nous donne la durée du jour (avec la nuit qui suit). On a divisé cette durée en 24 parties égales qu'on a appelées *heures;* chaque heure en 60 minutes, chaque minute en 60 secondes. La mesure de ces petits espaces de temps qui règlent notre vie, nos travaux de la journée, nous est donc fournie par l'un des mouvements de la terre. D'autre part, la *révolution* de la terre autour du soleil produit les *saisons*, et sa durée nous donne l'*année*. Ainsi la mesure de ces espaces de temps plus longs, qui sert à régler les travaux des champs et nous permet de calculer les dates de l'histoire et la durée de notre propre existence, nous est encore donnée par un autre mouvement de la terre.

Durée exacte de l'année. — La première chose qu'il importait de bien connaître, c'est la durée exacte de l'année. L'année, avons-nous dit, a 365 jours; ce qui veut dire que dans le temps de sa révolution autour du soleil, la terre a fait 365 tours entiers sur elle-même. Si l'année avait 365 jours tout juste, le compte serait bientôt fait :

autant d'annees, autant de fois 365 jours. Mais l'année n'a pas 365 jours exactement ; elle a 365 *jours* 5 *heures* 48 *minutes* 48 *secondes*, autant dire, n'est-ce pas, 365 jours 6 heures, ou 365 jours et *un quart*. Vous allez voir combien ce malheureux quart de jour va causer de complications et de malentendus.

Supposons d'abord que nous n'en tenions pas compte, et que nous comptions 365 jours juste par année. Ainsi firent les anciens Égyptiens, qui pourtant étaient assez bons astronomes *pour leur temps*. Notre année aura donc quelques heures de moins que l'année naturelle. Qu'est-ce que cela peut faire? pensez-vous peut-être. Vous allez voir.

Écart entre l'année civile et l'année astronomique. — Comptons, par exemple, les jours à partir d'un certain moment de l'année : si vous voulez, à partir de l'*équinoxe de printemps* (vous n'avez pas oublié ce que cela veut dire), qui cette année-là est le 21 mars. Nous prenons donc 365 jours pour l'année, c'est-à-dire un quart de jour en moins. Mais un quart de jour chaque année, au bout de quatre ans cela fait un jour entier. La quatrième année donc, nous serons en retard d'*un jour*. Nous prendrons encore le 21 mars pour l'équinoxe de printemps ; en réalité cette année-là il sera le 22, puisque nous avons compté un jour de moins qu'il n'y a en effet. Dans *huit* ans la différence sera de deux jours, de quatre jours en seize ans, et ainsi de suite. Les premières années, l'erreur étant faible, on ne s'en apercevra pas. Mais au bout d'un certain temps, de cent ans, par exemple, la différence s'ajoutant toujours, on se trouvera en retard de 25 jours, presque un mois! Et quand on croira, par le compte des jours, être à l'équinoxe de printemps, il s'en faudra encore presque d'un mois que la terre n'y soit rendue.

Mais ce n'est pas tout. Au bout de trois cents ans,

quand l'*almanach* ainsi fait dira le printemps, nous serons en plein hiver. En sept siècles, les saisons seront à rebours du calendrier ; l'été arrivera en janvier, et l'hiver en juillet. Comprenez-vous le désarroi, la confusion que cela va faire? Au lieu de servir à régler les travaux des champs, les anniversaires des fêtes, un tel almanach n'était bon qu'à tout embrouiller. Que faire donc?

Réforme julienne. — Jours complémentaires. — Année bissextile. — Pour remédier à ce désordre, qui s'accroissait de plus en plus, *Jules César*, dictateur de la République romaine, demanda conseil à un astronome fort habile, nommé *Sosigène*. Celui-ci fit une réflexion très-simple : puisque chaque année naturelle a un quart de jour en plus des 365 jours, qu'au bout de quatre ans cela fait un jour d'avance, pour rattraper cette avance ajoutons *un jour à la quatrième année civile*, et nous nous retrouverons d'accord avec l'année naturelle pour recommencer le nouvel an. En effet, trois années de 365 jours et une de 366 réunies font autant que quatre années de 365 jours et un quart.

	Année civile.	Année naturelle.
1re année......	365 jours.	365 1/4
2e année......	365 —	365 1/4
3e année.......	365 —	365 1/4
4e année.......	366 (bissextile)	365 1/4
	1461 jours	1461 jours (4 quarts font un entier à retenir).

De la sorte la différence n'ira plus toujours en augmentant. Cette quatrième année à laquelle on ajoute *un jour supplémentaire*, l'année de 366 jours, s'appelle *année bissextile*. Vous allez voir pourquoi.

Il faut tout d'abord savoir qu'autrefois, chez les Romains, on faisait commencer l'année le 1er mars. *Mars* étant le premier mois de l'année, *avril* le second, et ainsi de suite : *septembre* se trouvait le septième, *octobre* le huitième, *novembre* le neuvième, *décembre* le dixième. Puis venait janvier ; et enfin février, le douzième et dernier, qui n'avait que 28 jours. Quand on ajouta un *jour supplémentaire* tous les quatre ans, on le mit, comme c'était naturel, à la fin de l'année, c'est-à-dire au bout de *février*. C'est encore là que nous le mettons. La quatrième année donc (ou année bissextile), février eut 29 jours au lieu de 28. Les trois autres années, celles de 365 jours, furent désignées du nom d'*années communes* (ordinaires, non bissextiles). Mais figurez-vous que ces Romains étaient un singulier peuple, et avaient de bizarres idées. Ainsi, d'abord, ils comptaient les jours *à rebours* (vers la fin du mois). Par exemple, au lieu de dire le 31 *mars*, ils disaient : *le premier avant avril;* au lieu du 30 : *le second avant avril;* pour le 29 : *le troisième avant avril ;* et ainsi de suite. Puis, une idée bien autrement absurde : *février* avait toujours eu 28 jours ; en changer le compte, suivant eux, eût été un *sacrilége*, et n'eût pas manqué d'attirer de *grands malheurs !...* Pourtant il le fallait bien. Que faire? On imagina quelque chose de tout à fait ingénieux, comme vous allez voir. Il fut convenu qu'on ajouterait le jour, mais qu'*on ne le compterait pas.....* On le cacha, pour ainsi dire, entre les autres, entre le septième et le sixième jour avant la fin du mois. — Mais on se garda bien de l'appeler le septième : tout eût été perdu ! on l'appela le *deux fois sixième.....* Cela se disait en latin *bis-sextus*. Et l'année où l'on comptait ainsi *deux fois le sixième* jour avant la fin de février s'appela année *bissextile*. De la sorte tout était arrangé : le Destin n'en saurait rien..... O superstition !

Nous avons conservé le jour supplémentaire, qui était utile pour rétablir le compte, et nous l'avons laissé à la fin de février; nous avons même conservé le nom d'*année bissextile*. Mais, bien entendu, nous ne nous donnons plus tant de peine pour dissimuler le nombre : nous comptons bravement, chaque quatrième année, le 29 *février*: et la terre n'en a pas moins tourné comme d'habitude.

Le *calendrier* ainsi *réformé* par un jour supplémentaire destiné à empêcher le désordre, fut appelé *calendrier Julien*, du nom de celui qui avait ordonnné cette réforme (Jules César), quarante-six ans avant J. C.; c'est-à-dire il y a plus de dix-neuf siècles.

Réforme grégorienne. — Mais la différence entre l'année de 365 jours et l'année naturelle, *astronomique*, n'est pas d'un quart de jour juste, de six heures; elle est de 5 *heures* 48 *minutes* et 48 *secondes*, c'est-à-dire d'un quart d'heure moindre que nous n'avions compté. Ajouter un jour entier tous les quatre ans, c'est donc ajouter un peu trop; et cela donne de l'avance sur la nature. Au bout de 128 ans, la différence est d'un jour entier: on est en avant d'un jour sur la saison. Au bout de 1280 ans, la différence est de 10 jours. Pour rétablir l'ordre que cette différence, sans cesse ajoutée, avait fini par troubler considérablement, le pape *Grégoire XIII* fit ce qu'avait fait César : il appela un astronome et lui demanda conseil. Ce savant répondit qu'il fallait supprimer d'abord les 10 jours comptés en trop depuis le temps de Jules César, ensuite enlever désormais le jour supplémentaire qui fait l'année bissextile, 3 fois en 400 ans. Pour plus de commodité, ce fut le jour bissextile de l'*année séculaire* (qui commence le siècle) qu'on se décida à supprimer trois fois de suite, le laissant à la quatrième fois. Ainsi les années 1700, 1800, 1900, qui, suivant l'ancienne manière, eussent été bissextiles, n'ont que 365 jours suivant la nouvelle réforme; mais l'année 2000, la quatrième, restera bissextile. Cet arrangement plus parfait, porte le nom de *réforme grégorienne*.

Il y a une règle très simple pour savoir si une année est ou non bissextile, c'est d'essayer si le chiffre de l'année est divisible par 4. Ainsi 1884 était bissextile, parce qu'on peut diviser par 4 (sans reste); 1885 ne l'est pas : il reste 1 ; ni 1886 : il reste 2 ; ni 1887 : il reste 3 ; mais 1888 est bissextile.

Toutefois, d'après la seconde réforme, on supprime les bissextiles des *années séculaires* trois fois sur quatre. Pour savoir si une telle année doit être ou non bissextile, il faut, avant de faire la division par 4, supprimer les deux zéros qui terminent le nombre. Ainsi 1800 n'a pas été bissextile : car les deux zéros supprimés, il reste 18, qui n'est pas exactement divisible par 4. 1900 ne le sera pas non plus. Mais 2000 le sera : car, ôtant les deux zéros, il reste 20, qui est divisible par 4 (sans reste).

Le mois. — La durée d'une *lunaison* avait d'abord donné l'idée de cette période de temps que nous appelons *un mois*. Mais la révolution de la lune durant vingt-neuf jours seulement, il se trouvait qu'on n'avait pas un nombre exact de mois dans l'année. C'était incommode. On renonça donc à suivre le cours de la lune, et l'on divisa l'année en douze mois, qui ont les uns 31, les autres 30, février seul excepté (1).

Vous comprenez qu'on peut commeneer où l'on veut à compter les jours de l'année. Les Romains, avons-nous

(1) Il y a un moyen bien simple pour connaître le compte des jours de chaque mois. — Fermez la main gauche; vous voyez à la naissance des doigts les os faire quatre petites saillies, entre lesquelles se forment des *creux*. De l'index de la main droite touchez successivement sur les bosses et dans les creux (en commençant du côté du pouce), et nommant les mois à partir de janvier : Janvier (1re bosse), février (1er creux), mars (2e bosse), avril (2e creux), mai (bosse), juin creux), juillet (bosse). Arrivé ici, recommencez à la première bosse

dit, la commençaient au 1er mars. De la sorte le septième mois était *septembre ; octobre* arrivait le huitième, *novembre* le neuvième, *décembre* le dixième, conformément à la signification de ces noms. Les autres mois de l'année étaient aussi désignés primitivement par leur rang (le premier, le deuxième, le troisième, etc.), mais plus tard on changea leurs noms. Le premier mois porta le nom du *dieu de la guerre*, *Mars*, fort révéré chez les Romains, grands batailleurs. *Avril* vient d'un mot qui signifie *ouvrir*, parce qu'en ce mois les germes des plantes ouvrent la terre, et les boutons s'entr'ouvrent pour laisser éclore les premières fleurs. *Mai* était consacré à la déesse *Maïa*. *Juin* porte le nom défiguré de *Junon*, — encore une déesse. Janvier a pris le nom du dieu *Janus*; février, de *Februo*, le dieu des morts. Enfin on donna plus tard encore, par flatterie, le nom de *Jules César* au cinquième mois (en français *juillet*; au sixième, celui d'un autre empereur encore, *Auguste*, en français *août*. D'autres empereurs voulurent aussi donner leurs noms à d'autres mois ; mais ils ne purent y réussir. Plusieurs fois depuis on a changé le commencement de l'année; enfin on l'a mis, on ne sait trop pourquoi, au 1er janvier, en plein hiver. Mais l'habitude, la routine, ont fait conserver, tout en les défigurant, les noms de mois donnés par les Romains. Et voilà comment il se fait que plusieurs de nos mois portent le nom d'anciens dieux auxquels personne ne croit plus, et qui n'étaient même pas les dieux de nos ancêtres les Gaulois; qu'un d'eux porte celui de *Jules César*, l'homme qui a fait le plus de mal à notre patrie; le suivant, celui

en nommant août, septembre (creux), octobre (bosse), novembre (creux), décembre (bosse). Les mois dont les noms tombent sur les bosses ont tous 31 jours; ceux qui correspondent aux creux ont 30 jours, excepté février, qui en a 28 les années communes, et 29 les années bissextiles.

d'*Auguste*, un autre despote à qui nous ne devons rien. Quant aux mois qui ont conservé leurs noms formés du nom de nombre, c'est pis encore, puisque l'année commençant en janvier, *septembre*, dont le nom signifie septième, est le neuvième ; *octobre*, au lieu de venir le huitième, vient le dixième ; *novembre* arrive au onzième rang, et *décembre* au douzième, tout au rebours de la signification des noms.

Jours de la semaine. — Cette période de sept jours que nous nommons la semaine est aussi d'origine fort ancienne. Il y a des milliers d'années que les hommes ont observé *sept astres* qui changent rapidement de place dans le ciel, tandis que les étoiles semblent fixes : c'étaient le soleil, la lune, et les cinq planètes alors connues. Tous ces astres portaient les noms des dieux de ce temps-là. On leur consacra les jours de la semaine. Nous avons conservé ces noms tels qu'ils furent chez les Romains. Dans les mots qui servent à désigner nos jours, vous reconnaîtrez, un peu défigurés, les noms de la lune et des planètes : la terminaison *di* est le mot latin *dies*, jour.

LUNDI...........	*Lunæ dies*,	jour de la *Lune*.
MARDI...........	*Martis dies*,	jour de *Mars*.
MERCREDI........	*Mercurii dies*,	jour de *Mercure*.
JEUDI...........	*Jovis dies*,	jour de *Jou* ou *Jupiter*.
VENDREDI........	*Veneris dies*,	jour de *Vénus*.
SAMEDI..........	*Saturni dies*,	jour de *Saturne*.

Le premier jour était le *jour du Soleil*, *Solis dies*; et cette désignation est encore conservée chez les Anglais, les Allemands, etc. (*Sunday*, *Sontag*). Notre mot *dimanche* vient de *dies dominica*, et signifie *jour du Seigneur* (*Dominus*, en latin). Dans une année commune, il y a 52 semaines et un jour en plus (car 52 fois 7 ne font que 364). Le dernier jour d'une année ordinaire est donc du même nom que le premier. Ainsi 1886 commençant par un *vendredi*, a fini aussi par un vendredi. L'année suivante, 1887, a donc commencé par un samedi. Ainsi, à chaque année commune, les dates, les *quantièmes* du mois avancent d'un jour dans la semaine. Mais à l'année bissextile, février ayant 29 jours au lieu de 28, à partir de ce jour les dates se trouvent avoir avancé d'un rang encore dans la semaine, ce qui fait deux jours de différence. Ainsi 1884, qui a été bissextile, commençant par un mardi, le 28 février s'est trouvé un jeudi, le 29 un vendredi ; le 1er mars a été un samedi. L'année, au lieu de finir comme elle a commencé, par un mardi, a fini par un mercredi ; et 1885 a commencé un jeudi, ayant ainsi gagné deux jours au lieu d'un. Ces petits calculs très simples peuvent être fort utiles, si l'on se trouvait à un certain moment dépourvu d'almanach. Un almanach, pour remplir son but, doit non seulement indiquer les noms des jours et des dates, etc., mais aussi les heures du lever et du coucher du soleil et de la lune, les éclipses, le lieu des principales planètes, les comètes attendues, en un mot tous les *phénomènes astronomiques* qui doivent se passer dans l'année et qu'il est possible à la science de prédire.

Cette dernière leçon, mes enfants, complète l'exposition des éléments d'astronomie que nous voulions tracer dans ce petit livre. Ces notions sont les principes de la plus positive et de la plus absolue des sciences ; si vous les avez bien compris, vous savez maintenant où vous êtes, quel monde vous habitez, comment l'univers est construit, et vous possédez là une des bases essentielles de toute instruction sérieuse.

FIN

TABLE DES MATIÈRES

BOURLOTON — Imprimeries Réunies, A, rue Mignon, 2, Paris. — 7540.

OUVRAGES DE M. CAMILLE FLAMMARION

PETIT ATLAS ASTRONOMIQUE, en 18 cartes, tableaux et explications. In-18 ... 1 fr. 50

LES MERVEILLES CÉLESTES. Lectures du soir, pour la jeunesse et les gens du monde, 89 gravures et 3 cartes célestes (44e mille). 1 vol. in-12 .. 2 fr. 50

ASTRONOMIE POPULAIRE. (75e mille.) 1 vol. gr. in-8° ... 12 fr.

LES ETOILES ET LES CURIOSITÉS DU CIEL. (40e mille.) 1 vol. gr. in-8°. 10 fr.

LES TERRES DU CIEL. Description physique, climatologique, géographique des Planètes. (45e mille). 1 vol. in-8° ... 10 fr.

LE MONDE AVANT LA CRÉATION DE L'HOMME. 1 vol. in-8° ... 10 fr.

DANS LE CIEL ET SUR LA TERRE. Tableaux et Harmonies ... 5 fr.

LA PLURALITÉ DES MONDES HABITÉS. 32e édition. 1 vol. in-12 ... 3 fr. 50

LES MONDES IMAGINAIRES ET LES MONDES RÉELS. Revue des théories humaines sur les habitants des astres. 20e édition. 1 vol. in-12 ... 3 fr. 50

HISTOIRE DU CIEL. Histoire populaire de l'Astronomie. 4e édition. 1 vol. grand in-8° illustré ... 9 fr.

L'ATMOSPHÈRE. Description des grands phénomènes de la Nature. 3e édition, 1 volume grand in-8°, illustré de 15 tableaux en couleur et de 200 gravures ... 12 fr.

RÉCITS DE L'INFINI. — Lumen. — Histoire d'une Ame. — Histoire d'une comète. — La vie universelle et éternelle. 11e édition. 1 vol. in-12 ... 3 fr. 50

CONTEMPLATIONS SCIENTIFIQUES. Nouvelles études de la Nature. 1869. 1 vol. in-12 ... 3 fr. 50

Deuxième série, 1887 ... 3 fr. 50

DIEU DANS LA NATURE, ou le Spiritualisme et le Matérialisme devant la science moderne. 21e édition. 1 fort vol. in-12, avec portrait de l'auteur ... 4 fr.

SIR HUMPHRY DAVY. — LES DERNIERS JOURS D'UN PHILOSOPHE. Entretiens sur la Nature, traduit de l'anglais. 1 vol. in-12 ... 3 fr. 50

ÉTUDES ET LECTURES SUR L'ASTRONOMIE. 9 vol. in-12, le vol ... 2 fr. 50

ASTRONOMIE SIDÉRALE. LES ÉTOILES DOUBLES. Catalogue à l'usage des Astronomes ... 8 fr.

OUVRAGES DE M. CH. DELON

MÉTHODE INTUITIVE. Exercices et travaux pour les enfants (Procédés de Pestaloggi et de Frœbel.) 1 vol. grand in-8° ... 7 fr.

LECTURES EXPLIQUÉES. Tableaux et Récits. 1 vol. in-12. Cartonné ... 1 fr.

LE FER, LA FONTE ET L'ACIER. (Minéralogie et Métallurgie) ... 50 c.

LE CUIVRE ET LE BRONZE. (Minéralogie et Métallurgie) ... 50 c.

HISTOIRE D'UN LIVRE. In-8° ... 1 fr. 50

PROMENADE DANS LES NUAGES. In-8° ... 1 fr. 50

PARMENTIER ET LA POMME DE TERRE. In-18 ... 60 c.

LA MAISON FLOTTANTE. In-18 ... 60 c.

Cent récits d'histoire naturelle. In-4°. Cartonné ... 4 fr.

Cent tableaux de géographie pittoresque. In-4°. Cartonné ... 4 fr.

A travers nos campagnes. In-4°. Cartonné ... 4 fr.

www.ingramcontent.com/pod-product-compliance
Ingram Content Group UK Ltd.
Pitfield, Milton Keynes, MK11 3LW, UK
UKHW020454200726
13857UKWH00002B/703